U0004989

貓語大辭典

今泉忠明 監修

黃瓊仙 譯

晨星出版

序

貓咪每天都以「貓語」跟您交談。

當然，貓咪說的不是人類語言。

牠是以動作、表情、

偶然展現的姿勢與您交談。

連睡姿都是情緒的表徵。

只要您具備解讀能力，

就可以清楚接收貓咪所傳達的訊息。

當您能確實接收貓咪訊息之後，

將可以和愛貓建立比往日

更愉快的溝通關係。

現在請您翻閱這本《貓語大辭典》，

於是愛貓所呈現的不可思議動作，或是不可解

的行為之謎，都可以全部迎刃而解。

相信您一定能有新的發現。

CONTENTS

貓語大辭典

睡得超熟

奇怪姿勢象徵的情緒意涵 • • • • • • 59

各種傳達情緒的貓咪叫聲 • • • • • • 67

所以呢～
那個時候啊～

喵喵喵喵

從動作解讀貓咪情緒 • • • • • • • • 85

被發現
了～

扒
砂
扒
砂

您想知道關於貓咪
的所有事嗎？

翻閱本書之前…

貓咪 的內心話

如果我這樣看著您，表示我不懂

這個表情就是「感覺超舒服」啦

這是閃著「愛的光芒」的視線…

這就是「陪我玩！」的姿勢

陪我玩～

陪我玩～

用心感覺應該
就能懂我啦

還是要我告訴您
才知道嗎？

真拿您沒辦法…

那麼，就讓我告訴您吧。
關於貓咪的心事，可是多
著呢！

貓咪是有感情的動物嗎？
牠會如何表達其情緒呢？

新手的
預備知識

預備知識 **1**

貓的感情主軸是以
「安全」和「危險」為主

貓當然也是有感情的動物。
不過,牠的感情不像人類那麼複雜。

貓的感情主軸是以當下「安全」或「危險」為主。比方說,「好舒服喔!」(表示現在是安全的)、「肚子餓了!」(持續餓肚子就危險了)、「那傢伙是誰?」(有人闖進我的勢力範圍,危險)等。除了以上的事,對貓來說都不算是重要的,所以貓的感情不像人類那麼複雜。

譬如人類會在意對方的想法,喜歡跟人比較而覺得沮喪或嫉妒。但是貓本來就是獨來獨往的野生動物,未曾經歷過社會生活,牠不會在意其他的貓,也不會拿自己去跟別的貓比較。只要現在安全,牠就會覺得心情好,全身放鬆。遇到危險不是逃走,就是正面迎戰。基本上,貓咪的感情就是這麼簡單。

貓的感情
不像人類那麼複雜,
牠不會在意對方,
也不會拿自己跟別人
比較而覺得沮喪

貓咪基本心理

好舒服喲

安全

放心

放鬆

↕

要打架嗎？

危險

貓咪當然也有感情。餵牠吃飯時，牠會感到安全而表現出愉快的心情；覺得危險時，就會表現出不安、恐慌的情緒。然而，當你了解這個道理後，就知道不能以人類眼光來看待貓咪。不懂貓的習性，就無法解讀貓咪真正的情緒。

救命啊！

糟了！

臉部表情

姿態

尾巴

睡姿

姿勢

叫聲

動作

各種情境Q&A

15

貓咪情緒是分秒都在改變

貓咪情緒是以幼貓情緒、親貓情緒、野貓情緒、家貓情緒等四種模式瞬間轉換！

貓咪之所以會讓人覺得牠很善變，因為牠原本就獨居動物，而且牠也不懂得迎合對方，情緒也是分秒在改變。

現在大家養育的家貓中，主要可以區分為四種情緒模式。第一種是「幼貓情緒」。就是喜歡向貓咪媽媽撒嬌的情緒。對家貓而言，主人就像母貓般守護著牠，就算長大為成貓，還是很孩子氣。相反的形式就是「親貓情緒」。這種貓天生很有母愛（或父愛），就算對

方不是自己的孩子，也會照顧有加。其他還有「野貓情緒」、「家貓情緒」等形式。貓咪情緒會在上述的形式中不停轉換。就像是多重人格，但是貓咪自己卻不覺得有何矛盾，所以你才會覺得貓咪善變。這是貓的天性，我們只能儘量體諒與了解。

天氣或時間不同情緒也會轉變！

野貓會在晴天時外出狩獵。下雨天因為狩獵成果不彰，會乖乖待在窩裡睡覺，保存體力。若是不晴不雨的陰天，貓咪會變得迷茫，不曉得該做什麼而出現焦慮感。現代貓咪依舊保有這個習性，所以牠的情緒會因為天氣而改變。

貓咪會在黎明和傍晚時外出狩獵。即使是在沙漠，這兩個時間帶也最為涼爽，此時天色未亮，比較容易獵獲夜間視力不佳的鳥類等獵物。就算是現在，貓也是在黎明和傍晚時活動力較旺盛，原因就在於此。

臉部表情

姿態

尾巴

睡姿

姿勢

叫聲

動作

各種情境Q&A

幼貓 情緒

如果是野貓，長大後還是要一個人生活，因此只要有絲毫的依賴心理，就無法存活。可是，如果是被飼養的家貓，因為主人無微不至的照顧，導致貓咪就算長大了，還是會很孩子氣。喜歡撒嬌，很黏人，這就是所謂的幼貓情緒。

野生 情緒

平常悠哉的貓突然像變了人（貓？）一樣，不斷奔跑，把自己當成獵人朝玩具飛奔，並且緊咬不放。這就是貓咪野生本能開關啟動的證據。家貓依舊保有這樣的貓咪本性。

貓咪情緒的四種模式

家貓 情緒

如果是野貓，會隨時提高警覺，觀察有無危險發生。若是被飼養的家貓，牠知道自己是處在安全的環境下，就會毫無防備地露肚仰躺睡覺。野外生活時間長的貓咪就算變成了家貓，警戒心也不會有絲毫鬆懈，所以不太會出現家貓情緒。

親貓 情緒

因為某種因緣激發貓咪的母性（父性）本能，就算不是自己的孩子，也會像對待年幼的小貓咪那樣疼愛有加。還會把自己當成父親或母親，餵小貓吃東西。或者教小貓狩獵的方法。

貓咪用牠的全身在傳達情緒！

仔細觀察貓咪的全身動作，綜合判斷貓咪情緒是重要原則。

想知道貓咪情緒如何，必須仔細觀察。光從「表情」或「叫聲」，無法清楚判斷。即使是相同的動作，也會因情境不同而有所差異，重點就是每個項目仔細觀察，再做綜合判斷。

睡姿

→至 P.49

貓咪是喜歡睡覺的動物，觀察睡姿就知道牠現在睡得安不安穩。腳的位置、頭的位置、是否露出肚子，都有各種意涵。

姿勢

→至 P.59

貓咪身體柔軟度佳，常會做出各種姿勢。其中有許多奇怪的姿勢，這些姿勢也都是各有含意。

動作 →至 P.85

貓咪動作多。牠藉由各種動作對你發出訊號。有的動作表示貓咪現在生了重病。主人一定要仔細觀察，不能有所忽略。

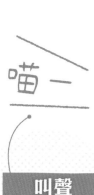

喵—

尾巴

→至 P.41

觀察貓咪尾巴就能知道其情緒如何。就算是面無表情的撲克臉，只要尾巴在動，表示貓咪現在是有情緒起伏。尾巴無法隱藏貓咪的情緒。

叫聲

→至 P.67

貓咪叫聲有好幾種形式，即使是相同的叫聲，意思也會因聲調或情境的不同而有所改變。貓咪是在什麼時候叫的？發出叫聲的頻率是否跟平日不同？這些都是重要的觀察重點。老是對著主人叫的貓咪是幼貓情緒很強的貓。

臉部表情

→至 P.23

眼睛大小、耳朵方向、鬍鬚方向等，都是解讀表情的重點。貓咪情緒變化時，瞳孔會變大，耳朵或鬍鬚也會顫動。

姿態

→至 P.37

當貓咪想發威時，會把自己的身體鼓得很高，威嚇對方。當牠覺得柔弱時，會將身體蜷曲縮小，藉由姿態告訴對方我現在是「強悍」或「軟弱」。

預備
知識 4

貓咪表達情緒的方式
是很有個性的

每隻貓都各有其獨創的「貓語」。
發現你家愛貓專屬的「貓語」吧！

雖然貓咪的「情緒表達方式」有其共同點，但每隻貓還是有其個性。譬如貓咪希望主人陪牠玩時，有的貓會一直喵喵叫，有的貓則是不發一語只看著主人，有的還會碰觸主人的身體。你只要仔細觀察愛貓，就能明白專屬於牠的情緒表達方式。仔細觀察愛貓的行為，再參考本書來推測，你一定能得到「需要○○時就會做出○○的動作」的結論。這就是專屬於你家愛貓的「貓語」。再加上這本書當參考，一定能完全瞭解貓咪情緒。

細谷先生家的花太郎

每次大便前，花太郎一定會大叫十次。這是牠在通知主人：「我要去大便了！」

小智家的塔拉

塔拉希望主人關注自己時，就會用額頭碰觸主人的腳，施以頭槌。這時候主人當然也會有所回應。

試著找出愛貓專屬的「貓語」吧！

預備知識 5

貓咪的情緒表達方式
會有所改變或變多

愛貓的「貓語」會
隨主人的反應增多或遞減

　　當貓咪向你撒嬌，跟你「討抱」的時候，如果你一直沒有回應，貓咪就會知道撒嬌這招沒用，以後牠就不會撒嬌了。相反地，如果貓咪一有動作，你就餵牠吃東西，牠會知道這麼做會有「好事」發生，牠會記住「我做出這個行為就有東西吃」，以後牠就會常常做出這

樣的動作。因為貓有學習能力。因此，主人的反應或貓咪覺得「這個行為好」、「這個行為不好」的自身經驗，都會影響其日後的行為。有的貓還會模仿其他貓咪的動作。

天天先生家裡的小雪

每當小雪要吃飯時，就會將「手」放在主人的手上。每次餵食前，主人都會要求小雪做這個動作，所以後來就變成是「我肚子餓了」的象徵。

中島先生家的芝麻

芝麻每次拍了主人的背部，就會馬上跑走。這就是牠要求主人來玩「你追我跑」的象徵。

啪 跳

貓咪與飼主的
相處經驗
是影響關鍵！

嘗試撰寫愛貓觀察日記

　　想瞭解愛貓的情緒，只閱讀本書是不夠的。重點還是在於仔細觀察愛貓的行為。當你用心觀察愛貓行為，就會發現貓咪重複的行為，或做了某個動作後，一定會採取某個行動等，平日疏於觀察的行為。再以本書學到的知識為依據，嘗試推測愛貓當時的情緒。如果覺得寫字記錄太麻煩，只拍照也行。日後你一定會有所察覺。如果寫部落格，除了能留下照片或文字等紀錄，還可以得到周遭人的回應。

很意外地，你以為「只有我家愛貓才有的行為」，其他貓咪也會這樣做；相對地，你認為是理所當然的行為，有可能很少見。

不妨先做一份愛貓回憶錄

只是
先拍下許多照片
保存也行！

現在的相機都有自動記錄拍攝日期的功能，非常方便。建議也可以錄影留存。

也推薦撰寫部落格！

這是部落格「Goromaru Diary」。記錄著頑皮貓哥哥＆樂天貓妹妹咪咪的日常生活。

Goromaru Diary

開心的時候、
生氣的時候……etc.

解讀貓咪
臉部表情

臉部表情的重點是耳朵、瞳孔和鬍鬚！

貓咪的瞳孔大小、耳朵方向、鬍鬚方向會因情緒而有所變化！

大大的貓耳朵是最容易理解的貓咪表情接收器。貓耳朵有30塊肌肉，朝側面、背面等各個方向生長。貓耳朵會朝著聲音的來源而移動；不過，就算沒有在聽聲音，貓耳朵也會因心情而改變方向。再者，貓咪最引人注目的就是大大的瞳孔。貓咪的瞳孔大小會隨情緒的變化而有所變動。你可以嘗試與貓咪四目相視，同時呼喚牠的名字。這時候貓咪瞳孔的大小應該有所變化。此外，貓咪的鬍鬚也是時時在動。當牠興奮的時候，嘴角會出力，鬍鬚會往前伸。只要觀察這三個主要部位，就能發現到貓咪千變萬化的表情。

 瞳孔 大家都知道，貓咪瞳孔大小會因周遭光線明亮度而有所變化，但其實也會因情緒導致瞳孔大小有異。因為腎上腺素會影響瞳孔大小。

 小 ◀◀◀◀◀◀◀◀◀◀◀◀▶▶▶▶▶▶▶▶▶▶ 大

心情不佳·具攻擊性

平靜·滿足

驚嚇·好奇

當貓咪心情不好或有攻擊意識時，瞳孔會瞇成細線，以銳利眼神瞪著對方。在展開攻擊的瞬間，貓咪是興奮的，瞳孔會漸漸放大。此外，在明亮的場所瞳孔會變小。

當貓咪感到安心時，瞳孔會正好位於中間，仔細觀察的話，瞳孔是不斷重複地放大、變小。表示牠很滿足於現況。當貓咪放鬆時，瞬膜（內眼角的白膜部分）也會外翻。

當貓咪感到驚嚇、恐懼或好奇，也就是處於興奮狀態時，牠的瞳孔會放大。因為牠正在仔細觀察對方。此外，當周遭光線變暗，貓咪為了吸收更多光源，瞳孔也會放大。

耳朵

基本上當貓咪感到安心時，耳朵會往前；感到膽怯時，耳朵會倒垂。遇到危險狀況時，貓咪為了保護重要的耳朵，以及讓自己感覺很嬌小時，耳朵會倒垂。

倒垂 ◀◀◀◀◀◀◀◀◀◀◀◀▶▶▶▶▶▶▶▶▶ **筆直**

恐懼

貓咪耳朵倒垂是孔懼的象徵。牠感覺到危險氛圍，為了不讓耳朵受傷，就會讓耳朵倒垂。這麼做會使對方覺得自己很弱小，不要欺負牠。

憤怒·警戒

當貓咪耳朵朝兩側或後翻時，表示牠在生氣或警戒心特別高。可能看到了討厭的東西而焦慮不安，或是準備攻擊對方。

平靜

當貓咪感到放鬆的時候，耳朵是朝正面，且略微朝外，從正面可以稍微看到貓咪的耳朵背面，這時候的貓咪最放鬆了。

好奇

當貓咪豎起耳朵，筆直向前時，表示牠正集中精神在觀察感興趣的事物。這時候從正面看時，看不到貓咪的耳朵背面。

鬍鬚

當貓咪情緒穩定時，鬍鬚會自然往下垂。一旦發現感興趣的事物，鬍鬚就會往前伸；感覺恐懼的時候，鬍鬚會往後拉。

下 ▲▲▲▲▲▼▼▼▼▼ **前**

平靜

嘴角沒有施力，鬍鬚便因重力關係而自然下垂。鬍鬚是貓咪的感應器，當鬍鬚下垂時，表示天下太平，不需要動用到鬍鬚。

好奇

當貓咪對獵物、玩具或陌生事物感興趣時，為了收集情報，鬍鬚感應器會往前伸展。雙眸也會盯著對方看。

預備知識
臉部表情
姿態
尾巴
睡姿
姿勢
叫聲
動作
各種情境Q&A

【興趣盎然】

集中精神觀察使牠感到好奇事物時的表情。貓咪其實跟人類一樣，牠會張開眼睛觀察對方，也會豎起耳朵，不錯過任何一道聲音。

雙眸炯炯有神、耳朵豎起！
這就是「興趣盎然」的表情

當貓咪發現感興趣的事物或陌生對象時，牠會豎起那雙大耳朵，眼睛張得很大。瞳孔也會因興奮而變大。人類也跟貓咪一樣，遇到感興趣的事物，眼睛就會變大。

同時，貓咪的鬍鬚會往前伸。鬍鬚扮演著敏銳的感應器功能。當你觀察準備抓老鼠的貓咪鬍鬚，會發現其鬍鬚是朝眼前的老鼠方向伸展。當老鼠有動作時，如果觸摸貓咪鬍鬚，會發現牠的鬍鬚也在輕微顫動。雖然貓咪不會直接用鬍鬚碰觸對方，但是每當令牠好奇的事物出現時，鬍鬚就會往前伸。這就是貓咪懂得活用五官感覺的證明。

這也是
興趣盎然的表情！

臉歪一邊，鬍鬚朝前伸展。瞳孔又圓又大。

眼睛張大，接近圓形！這是深感興趣的表情。

豎起耳朵仔細聆聽。就像是「洗耳恭聽」的狀態。耳朵會朝感興趣的方向豎起。

貓咪一旦發現感興趣的事物，瞳孔就會放大。同時眼瞼也會張得很開。因為牠要仔細觀察感興趣的事物，會一直緊盯著對方看。

嘴角用力，鬍鬚朝前挺。貓咪會利用豎起的鬍鬚感應器，收集關於對方的情報。

【 心花怒放 】

感覺安心的放鬆表情。
因為安心，所以不需要集中意識。
這是貓咪最幸福的表情。

瞳孔沒有放大，也沒有縮小，呈現適中的狀態。當貓咪感到安心時，會瞇著眼睛，如同睡眼惺忪的表情。

耳朵無力，自然朝前。這時候的貓咪是非常放心，不需要朝旁邊豎起耳朵。

檢查貓咪瞳孔就知道牠是否處於放鬆狀態

當貓咪對目前感到心安滿足時，耳朵會自然向前，瞳孔的大小適中。仔細觀察的話，你會發現其瞳孔是不斷反覆地放大、變小。當貓咪出現這樣的表情時，正是牠信賴你、愛慕你的證據，這個時候正是加深彼此信賴關係的好時機。你可以緩緩地撫摸牠，或是輕輕搔弄貓咪喉嚨。當牠瞇著眼睛時，表示牠現在不需要提高警覺，心情更是放鬆。最後也可能就這樣睡著了。

睡眠測試

測試你與愛貓
是否心意相通！

❶ 與表情「心花怒放」的貓咪四目交接，結果貓咪閉上眼睛裝睡。

❷ 過了一會，貓咪稍微張開眼睛時，請偷偷觀察牠。如果貓咪還想睡或睡著了，表示牠的情緒是與你同步調。因為你是牠的親密夥伴，才會願意與你同步。

【安心・滿足】

與親密夥伴四目交接時，
會慢慢瞇起眼睛。
這就是安心或滿足的表情。

與對方四目交接時，會慢慢閉上眼睛。

因為最喜歡的對象在自己身邊，感到安心與滿足

當你與貓咪四目交接時，牠是不是會慢慢閉上眼睛？當你呼喚愛貓名字，牠做出這樣的表情，你會覺得牠是在眨眼睛回應你。其實這是象徵貓咪感到安心或滿足的表情。閉眼睛表示「不需要對四周提高警覺」，也就是「沒有敵意」、「安心」的意思。當主人或交情好的貓朋友等對象待在身邊時，貓咪會感到很滿足。

如果貓咪對現況不滿、想訴苦的時候，牠不會閉上眼睛，在與主人四目交接時，牠就會發出聲音表示不滿。

貓語解讀術 高級篇　　　　【看到陌生人會轉移目光】

大家應該都聽過「用眼神挑釁」這句話吧？在人類社會中，盯著陌生人看是一種不禮貌的行為。這個原則也適用於貓的世界。與陌生對象四目相視的話，可能會引起爭執。所以貓咪只與親近的對象四目交接。對於不熟悉的人，牠會視而不見。

【紓解緊張】

貓咪想睡時會打呵欠，
有壓力時也會打呵欠。
打呵欠是為了紓解緊張或壓力。

當你責罵貓咪時，牠會張大嘴打呵欠，表示牠很緊張

貓咪打了呵欠，但沒有閉上眼睛，表示牠很有可能是為了舒緩緊張情緒才打呵欠。

貓咪除了感到睏的時候會打呵欠，當牠覺得緊張或感到壓力時，也會打呵欠。人類遇到麻煩時，會用手搔頭或做別的動作紓壓。貓咪也一樣，當你責罵牠的時候，牠會打呵欠紓壓，這時千萬別誤會牠「毫不緊張」！這種情況下貓咪打呵欠，通常不會閉上眼睛，因為現在的情況無法讓牠安心，牠正在處於警戒狀態中。

被主人責罵，處於緊張狀態時，貓咪會張開大嘴打呵欠。

想睡時當然會打呵欠，同時會閉上眼睛。

稍微舔舐前腳和身體側邊就結束的理毛，表示貓咪是為了紓解壓力而梳理毛髮。

這些也是 紓解緊張情緒 的象徵

用舌頭舔鼻頭也是一種紓壓行為。表示感到焦慮、有壓力。

【 搞什麼？ 】

頭歪一邊，露出不可思議的表情。
這是貓咪在仔細觀察與確認陌生事物
或感興趣事物的表情。

頭歪一邊，且
不斷地朝左歪
或朝右歪。這
是心有疑問的
表情。

一直盯著對方
看。因為好
奇，瞳孔放
大。

難道歪著頭就能看到看不見的東西？

人類覺得「不可思議」時，會歪著頭沉思；而貓咪歪著頭，表示牠在仔細觀察感興趣的事物。貓咪擁有優異的動體視力與黑暗辨識力，但真正的視力只有人類的十分之一，靜體視力很差。因此，當貓咪發現感興趣的事物，牠會保持些許距離，在一旁仔細確認，而且牠會不斷改變頭的角度，藉此調整眼睛位置來辨認事物。

歪頭是為了
仔細觀察對
方的動作

習慣會傳染？

當兩隻貓咪在一起時，
牠們會將頭歪向同一個
方向。貓咪喜歡模仿其
他貓咪的動作或習慣，
所以這個歪頭習慣很可
能是因為模仿而來。

【察覺到異性的存在】

嘴巴和眼睛都張開，像是放心的表情。這種嗅聞費洛蒙時的表情，稱為裂唇嗅反應（flehmen response）。

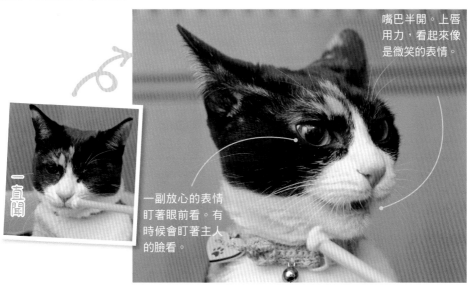

嘴巴半開。上唇用力，看起來像是微笑的表情。

一直聞

一副放心的表情盯著眼前看。有時候會盯著主人的臉看。

確認
有無異性存在

貓咪除了鼻子，還有另一個嗅覺器官，叫做「犁鼻器」，位於口腔頂（上顎）。一般的氣味是靠鼻子偵測，但是當貓咪察覺到異性的費洛蒙氣味時，牠會張開嘴巴，使用犁鼻器確認。貓咪做出這個表情時，看起來像在微笑，或者像是在說「好臭啊～」的臉，但其實並非如此，而是集中精神，確認是否為費洛蒙。當公貓聞到母貓求偶期發出的氣味時，牠會發情。可能因為成分相似之故，當貓咪聞到人類體臭或牙膏味道，也會出現此反應。

何謂犁鼻器？

腦

鼻腔

犁鼻器

犁鼻器是對大腦傳達氣味情報的器官，但是它的傳達途徑和鼻子不同。在門牙後方有兩個洞，與上顎的犁鼻器相連。蛇等的爬蟲類也有犁鼻器，蛇會有吐舌的動作，乃是因為要透過舌頭將氣味傳達至犁鼻器。

【察覺危險】

當貓咪察覺危險或發現討厭的人事物，就會露出警戒表情。牠會張開眼睛、仔細觀察，耳朵也會因防禦心理而伸向兩旁。

貓咪耳朵伸向兩旁。表示牠察覺到危險，處於警戒狀態。

瞳孔瞇成細線，放射出銳利眼光。眼睛一直張開，仔細觀察。

該攻擊對方？還是逃離現場？謹慎判斷中

當貓咪瞳孔瞇成線時，這是「不悅」的表情。這時候貓咪正面臨「只要再靠近我一步，就要展開攻擊」的緊張狀況。貓咪會一直張開眼睛，觀察對方。因為處於警戒狀態，耳朵會伸向兩旁。嘴角等臉部表情呈現出一股緊張氛圍。貓咪會仔細觀察危險對象，陷入到底該攻擊還是該逃走的兩難抉擇中。

瞳孔比左邊照片大。這時候貓咪覺得自己處於弱勢，恐懼或防禦的情緒正高漲中。

貓語解讀術 高級篇

【吐舌頭的表情】

貓咪會一直伸出舌頭。牠並不是刻意這麼做，而是忘記把舌頭收進去。貓咪門牙很小，就算嘴巴閉起來還是會有縫隙，因此牙齒咬到也不太會痛。波斯貓等扁臉貓種，因為下巴比舌頭短，所以常會吐舌頭。此外，當貓咪認真地用舌頭舔身上的毛，經常會因為舔得太累，而忘記收回舌頭。不過，貓咪露舌頭的表情，倒是非常天真可愛。

【 恐懼 】

遇到危險狀況時，
會張大眼睛，等待逃離現場的機會。
遇到陌生動物或陌生人類時，會感到恐懼。

雙耳倒垂。當耳朵完全倒垂，表示貓咪正面臨最大的恐懼感。

貓咪因為恐懼而大量分泌腎上腺素，瞳孔變得又圓又大。張大眼睛，企圖掌握眼前狀況。

心臟噗咚跳好快、恐懼感籠罩全身！

貓咪面對未知的危險會露出恐懼的表情。牠會整張臉緊繃，瞳孔變得又圓又大，為了不讓耳朵受傷而倒垂，鬍鬚也會往後伸展。貓咪為了度過難關，不會錯過任何蛛絲馬跡，一雙眼睛張得好大，企圖伺機逃離現場。

當貓咪出現這般恐懼的表情時，表示狀況非常危險。這時候就算撫慰牠，也無法安定其情緒。如果對貓咪伸出手，你可能會受傷。等貓咪冷靜以後再接近牠。

貓語解讀術　高級篇

【覺得害怕會身體僵硬】

在自然界中，只要有所動作就會讓自己成為明顯目標，很容易被敵人鎖定。貓咪認為只要靜止不動，就不會被認為是「動物」，所以遇到重大危險時，貓的本能就是靜止不動，以度過險境。

一向敏捷的貓咪之所以會被車子拖曳而喪命，就是因為這個習性所致。因為貓咪把行駛中的車子當成敵人，便啟動靜止不動以度過危險的本能，所以才會被車撞到。野貓無法避免發生交通意外。為了防止貓咪出車禍，應該徹底把貓咪飼養在室內。

靜止不動

【威嚇】

表現出「我是強者」的態度,想威嚇對方、擊退對方時的表情。
其實心裡很害怕,所以耳朵倒垂,腰也縮起。
這就是所謂的「虛張聲勢」。

貓咪因興奮而瞳孔變大。同時還會瞪著對方,予以威嚇的意思。

露出獠牙的貓!

為了不讓耳朵受傷,耳朵整個往後貼,整張臉變得很圓。

因為害怕才要讓對方看到自己強勢的一面

當貓咪要威嚇對方時,牠會發出「哈」的叫聲,並且露出牙齒恫嚇對方。這個表情看似強勢,其實貓咪內心忐忑不已,牠會雙耳倒垂,整個身體放低。如果能因為這樣的表情嚇退對方,貓咪就會感到放心。如果對方原地不動,貓咪會繼續瞪著對方,心裡也做好準備,勢必要跟對方一決勝負。然而,一旦打架,對彼此而言風險都很高。貓咪會儘量避免真正的打鬥,牠比較希望可以在打鬥前就以瞪視的方式嚇退對方。

強勢的貓
臉和身體都是直挺挺面對對方。強勢的貓不需要讓自己看起來體型大。

弱勢的貓
因為要讓自己看起來體型大,貓咪的身體會橫向面對對方,而且背部會弓起。變蓬變粗的尾巴就是牠感到恐懼的象徵。

只有猴子、狗、貓咪
才有豐富的臉部表情！

表情肌發達、擁有豐富表情的動物寥寥可數，除了猴子，只有狗和貓臉部表情會變化多端。其他動物只有極少的表情。表情原本就是群居動物為了向對方傳達情緒而發展的能力。猴子和狗是群居動物，表情當然豐富。可是，為什麼獨居行為的貓也會有豐富的表情？貓雖然過著獨居生活，其實牠們偶爾也會聚會，算是擁有社會性的動物，只是社會性不算高度密集。

日本獼猴的群居數目為二十頭至一百頭之多。在哺乳類動物中，日本獼猴的表情非常豐富，會用表情表達內心的憤怒或恐懼。而且，牠們的叫聲多達三十多種。

如果是野狗，會十幾頭群居在一起。狗的表情雖然不如猴子那麼多樣化，但是也會透過叫聲和全身肢體來表達情緒。

在低密集度的貓社會中，表情是重要的傳達工具

野貓會定期聚會。聚會時什麼事都不做，只是彼此保持些許距離，坐在地上消磨時間。不過，對貓咪來說，這是非常重要的會面時刻（詳情參考P.146～）。如果有討厭的傢伙太靠近自己，會發出「吼」聲威嚇對方。這個時候，表情會發揮效用。

搞怪臉、逗趣臉　大集合

收集了各式各樣的貓咪表情！每一張照片都是主人所拍下的珍貴瞬間。雖然表情醜醜地，但是真可愛！

這絕對不是合成照！是真實的貓咪笑臉。看起來好像連眼睛和嘴巴也在笑呢。

舔著舌頭，看起來像是不懷好意的壞人。看不出來跟右邊照片的貓咪是同一隻吧！

伸舌頭又舔舌頭的貓咪，還斜眼看人。

應該是可愛的睡臉，看起來卻像翻白眼的表情～！

嘴裡含的植物梗，看起來好像捲煙。這隻貓是不是有點調皮？

抓著貓咪的臉朝兩側伸展。看起來完全不像是貓的眼睛。這隻貓真乖順，可以任由主人捉弄牠，真的惹人疼愛……。

貼上黑色紙條，變成八字眉。小時候常會這樣捉弄貓咪……。

透過**全身姿態**
傳達的情緒

貓咪姿態會隨著心情

透過肢體語言
向對方傳達情緒

　　貓咪身體柔軟度佳，除了四肢筆直站立，還會擺出各種姿勢。基本上，當貓咪處於強勢時，身體會聳得很高；處於弱勢時，身體會放低。讓自己看起來比對方高大時是在威嚇對方；如果讓自己看起來比較嬌小，就是在告訴對方：「我是弱者，請不要攻擊我。」貓咪之間是否會發動戰爭，是由彼此的身體語言來決定。只有在兩者都不退讓的時候，實際戰爭才會開始。

　　貓咪的姿態不是只有單純的「強勢」、「弱勢」兩種表現。有時候是一半強勢、一半弱勢的姿態，這時候貓咪的下半身會聳高，上半身會放低。若拿人類比喻，我們有時候也會語氣很強勢，但其實身體一直放低，處於「逞強」的狀態。貓咪感到害怕時，牠的前腳會原地不動，但是後腳卻想攻擊地一直在動，這就是所謂怪異的「側身跑」動作。

　　就算距離再遠，透過姿態也能獲得訊息。想知道沒有依偎在身邊的貓咪情緒，可以透過姿態解讀。

平靜

不是危險狀態，也沒有遇到討厭的人事物，貓咪是處於安心狀態。此時尾巴會自然下垂，背部保持水平，耳朵也自然朝前。

背部保持水平

耳朵自然朝前

尾巴自然下垂

此時的貓咪是內心有點恐懼。眼睛注視對方，身體放低，正在猶豫是否該逃離現場。

恐懼
想逃離

當貓咪感到極度恐慌時，整個身體幾乎會往下蹲。同時也在尋找逃走的機會。

頭拉下來採低姿態

儘量讓自己看起來弱小

因恐懼而耳朵倒垂

而千變萬化

耳朵朝兩側，尾巴晃動，表示貓咪情緒處於焦慮狀態。應該是難對付的對象出現了。

強勢的 威嚇

一直盯著對方，同時腰聳高，企圖讓體型變大。想以高大姿態的氣勢壓倒對方。雙耳朝兩側。

耳朵朝兩側

下半身聳高

前腳筆直站立

遇到危險，將腰放低，處於警戒狀態。這時候會仔細觀察對方。

這個姿態跟右上「強勢的威嚇」很像，從變粗的尾巴就可以知道貓咪現在是感到恐懼。

背部稍微聳高，但是並沒有如下圖般將上半身放低。變蓬的尾巴表示處於恐懼中。

身體放低，正在觀察對方。耳朵稍微朝下。

完全處於弱勢狀態。將身體放低，覺得受到威脅而害怕。

弱勢的 威嚇

雖然有攻擊之意，但心裡卻在發抖，下半身聳高，上半身卻放低，擺出複雜的姿態。以身體側面朝向對方，儘量讓自己在敵人面前顯得體型高大。

上半身放低

上半身放低，下半身略微抬高。到底該壯大威嚇對方？還是認輸？正在猶豫當中。

耳朵倒垂

只有臉面向對方身體朝側面

下半身聳高

預備知識

臉部表情

姿態

尾巴

睡姿

姿勢

叫聲

動作

各種情境Q&A

39

講究仁義!? 貓咪的打架原則

打架非常消耗體力，還有受傷的危險，結果根本就是兩敗俱傷。因此，貓咪不會無理打架。牠們會儘量避免無意義的爭吵，如果發現陌生貓咪，會裝做沒看見，然後走開。絕對不會四目交接。可是，到了發情期，公貓難免會為了求偶而打架。為了傳宗接代，就算面臨生死關頭也絕不退讓。儘管如此，貓咪通常在對峙階段就能從體格或氣勢判定是不是「我絕對比較強勢」或「我贏不了」，馬上就能

分出勝負，因此常常是沒有實際打鬥，戰爭就結束了。如果彼此互不相讓，一直對峙，戰爭的號角就會響起。不過，就算真的打鬥，只要對方認輸就不會再出手攻擊，貓咪可是比人類更講究「仁義之戰」呢！

某些貓咪們的打架情況

先入家門的貓咪小白和仔貓小小的打架情況。牠們不是真的在打架，但可以知道貓咪打架的模式為何。

小小很勇敢，跟體型比自己大的小白單挑。

小白看著小小毫無退讓的意思，牠也忍不住了，終於伸出前腳碰了小小！

終於反擊了！雙方都忍不住用後腳站立，扭打在一起。貓咪的拳擊賽繼續進行。

倒地仰躺的小小用貓踢反擊小白！小白的臉被踢到了，好像很痛的樣子。

平常兩隻貓 感情很好

貓咪尾巴
最誠實

【想撒嬌！】

貓咪尾巴直挺往上翹，這是一種友愛的象徵。
如果貓咪以這樣的尾巴靠近你，
表示牠對你有好感。

尾巴直挺往上翹。看起來就像是一支旗子，從很遠的地方就能看到。

雙眸直盯著對方瞧，然後慢慢走過來。貓咪不會正視討厭的對象。牠會跟你四目交接，表示牠把你當朋友。

「尾巴直豎」是友愛的象徵

當貓咪將尾巴朝上豎起，且慢慢向你走過來，這是一種友愛的象徵。當貓咪還是幼貓階段，要求母貓幫忙處理排泄物時，就會做出這個姿勢。小貓希望母貓舔屁股時，會將尾巴豎起。後來變成小貓朝母貓靠近時，尾巴就會呈現出這個姿態。母貓對於喜歡或想親近的對象，也會將尾巴上舉。

尾巴直挺上舉的姿態看起來像在豎旗子。在移動時，母貓為了不讓小貓跟丟，就會做出這個姿勢。

貓咪尾巴
會做出這樣的姿勢！

母貓正在舔小貓的尾巴。小貓為了方便媽媽舔尾巴，會將尾巴豎起。

這個尾巴姿勢本來就是小貓會向母貓做出的一種愛的表態，對於想撒嬌的對象，會向對母貓那樣豎起尾巴，想與之親近。

【陪我玩！】

當貓咪尾巴呈倒U字形時，
若此時是面對敵人，就是在恫嚇對方。
如果是面對小貓同輩，就表示我們一起來玩吧。

「一起來玩吧！」
或「威嚇」的意思

貓咪若對同伴以外的貓做出尾巴倒U字形的姿勢，表示在恫嚇對方。但是，若對小貓或同伴做出這個姿勢，表示牠想玩「追著跑的遊戲」。讓對方看到自己倒U字形的尾巴，是在邀約對方陪自己玩。當對方開始追著自己跑時，遊戲正式開始！家裡養的貓若出現這樣的尾巴，就要趕快陪牠玩。

詳情參考P.89

貓咪尾巴像畫弧線，呈倒U字形。當牠做出這個姿勢，且興奮地看著你時，表示要你陪牠玩。

遊戲中被追的一方會將尾巴翹成倒U字形。追人的一方則像左頁的貓咪，會將尾巴直立豎起。

這也是「陪我玩」的象徵

在你面前扭翻身體仰躺

當你看見貓咪在你面前扭翻身體仰躺，表示牠在對你說：「陪我玩」。牠會擺動前腳，像在邀約你陪牠玩（詳情參考P.89）。

嘴巴叼著玩具朝你走過來

當貓咪叼著玩具朝你走來時，就是在告訴你「陪我玩這個玩具」。你要有所回應，並圓牠的夢，就陪牠玩吧。

預備知識　臉部表情　姿態　尾巴　睡姿　姿勢　叫聲　動作　矛盾行為Q&A

【焦慮不安】

當貓咪尾巴以每秒為單位快速擺動，
就是焦慮的象徵。
這時候請讓貓咪獨處。

不是「喜悅」的象徵！
是指我現在心情不好

像鐘擺將尾巴左右擺動，速度快且動作大。尾巴碰到地板或牆壁時，會發出聲響，由此可見擺動的力道很大。

狗高興的時候會快速擺動尾巴；不過，貓咪擺動尾巴時，涵意大不同。當貓咪用力擺動尾巴，表示現在焦慮不安。當貓咪的尾巴用力拍打地面，發出「啪！啪！」聲時，也是焦慮的象徵。貓咪焦慮的時候會出現咬人等攻擊行為。這時候千萬別抱牠。不過，如果貓咪是慢慢地擺動尾巴，表示牠心情還不壞。

左邊的貓瞪著右邊的貓，尾巴大幅度擺動。看起來好像極度焦慮。

抱貓咪時也要
注意牠是否處於焦慮中！

尾巴擺動

當你抱起貓咪時，牠的尾巴強烈擺動，表示「不要抱我」！如果你不把牠放下，牠可能會生氣，甚至咬你。

【驚嚇・憤怒】

遇到驚恐事件或相當驚嚇時，
會在瞬間讓尾巴變得又大又粗。

貓咪又蓬又大的尾巴是大受驚嚇的象徵

當貓咪要威嚇對方時，會將腰抬高，讓自己看起來體型壯大。

尾巴的毛瞬間倒立，讓自己看起來變得很壯碩。宛如狐狸尾巴。

當貓咪在預想不到的情況下，突然遇到敵人或聽到巨大聲響，因為大為驚嚇或憤怒而極度緊張時，牠會在瞬間將尾巴毛髮倒立，變得又大又蓬。貓咪毛髮倒立的情況跟人類起雞皮疙瘩的情況一樣，這時候貓咪其實是全身毛髮都倒立，只是尾巴部位較明顯。毛髮倒立是無意識的動作，目的是要讓自己身體變大，讓威嚇對方的效果加倍。

盯著窗外看的小貓，瞬間尾巴變蓬。即使是小貓，也會有模有樣地威嚇對方。

貓語解讀術 高級篇

追著自己尾巴團團轉的時候

當貓咪自己玩的時候或感到無聊難耐，為了紓解內心的不安與壓力，就會出現追著尾巴團團轉的行為。主人務必要常陪愛貓玩，減少牠感到無聊的時光，消弭心中的不安。

發抖　嚇～　發抖

【恐懼】

因害怕而身體縮成一團，尾巴捲進雙股之間。
所謂「夾著尾巴逃跑」，就是指這個動作。
當貓咪尾巴像這樣捲進雙股時，就讓牠靜靜待著，不要驚動牠。

耳朵也倒垂，透過全身表現牠的恐懼感。

尾巴捲進雙股之間，腰也放低。

雖然尾巴沒有捲進雙股之間，但將身體變小，尾巴擺到體側，這也是恐懼的象徵。

因為過於驚恐而將「尾巴捲進雙股之間」

狗也一樣！！

當貓咪面對贏不了的敵人威脅，或對於眼前情況感到恐懼時，牠會將尾巴捲進雙股之間。這種情況比只是將尾巴下垂的恐懼程度還高，牠讓自己看起來很弱小，告訴對方：「我輸了，請不要攻擊我。」因此，「夾尾巴」就是「認輸、投降」的意思，在動物界裡，這是個共通的肢體語言。這種情況跟貓咪耳朵倒垂一樣，為了不讓尾巴受到傷害，所以捲進雙股之間藏起來。

狗也一樣，感到恐懼時，會將尾巴捲進雙股之間。面對比自己強勢的對象，透過這個肢體語言告訴對方我會服從你，我要跟你和解。

Q & A

這樣的尾巴象徵什麼樣的情緒？

Q 叫貓咪時，為什麼會搖尾巴？

A 以親貓心情對你說：「嗨，我聽到了」

　　當你呼叫貓咪名字時，有時候牠會對你「喵」一聲，有時候則只是對著你搖尾巴。這之間的差異在於情緒模式。如果貓咪處於想跟主人撒嬌的「幼貓情緒」，就會發聲回答；如果是處於「親貓情緒」，把你當成小貓看待，就會搖尾巴回應。貓咪雖然知道你在叫牠，因為覺得還要發聲回答很麻煩，所以就只好搖尾巴。

Q 玩弄其他貓咪的尾巴？

A 把尾巴當成獵物玩

　　貓咪會把許多東西當成獵物。尾巴大小剛好跟獵物很接近。成貓也知道小貓在跟自己玩，牠會故意擺動自己的尾巴，讓小貓玩耍。

Q 為何輕拍貓咪尾巴根部，牠會非常開心？

A 尾巴根部是貓咪的「性感帶」

　　腰部周邊是貓咪的敏感部位，輕拍這些部位等於給予刺激，多數貓咪都會很開心。不過，也有貓咪討厭人家拍打這些部位，最好仔細分辨。

尾巴姿態是
非常重要的肢體語言

貓咪擁有優異的動體視力，在黑暗環境下也能看清東西，但事實上視力比人類還差，只有人類的十分之一。貓咪主要是透過味道和腳步聲來分辨對方；不過，貓咪如果用眼睛來分辨時，主要是依據「形狀」來判斷。如果你在牆上貼了貓咪形狀的圖案，牠會以為是真的貓而走過去，還會聞圖中貓咪鼻子周邊的味道。一開始牠會聞味道或試著碰觸，然後就會知道「這不是真的貓」。

如果貼貓咪圖案，最有趣的圖案是尾巴豎起的貓咪圖案，許多貓咪看到這個圖案，都會走過去。如P.42所說，貓咪尾巴豎起是友好的象徵，貓咪看到了圖案，認為「與這傢伙親近應該很安全」。由此可知，在貓族社會中，尾巴姿勢是多麼重要的肢體語言。就算距離很遠，豎起的尾巴就是相當顯眼，是容易判斷的肢體語言。

將貓咪圖案貼在牆上，貓咪會以為是真的貓而走過去，會去聞鼻子和尾巴的味道。

如果換成主人的畫像，會是怎樣的情況…

即使是熟悉的主人，若因髮型或服裝的關係，模樣和平日截然不同，貓咪也可能認不出主人。

味道是關鍵！

貓咪主要是透過嗅覺和聽覺來辨識對方。有主人說：「每次洗好澡，牠總是會湊過來聞我。」因為身上的氣味變了，貓咪要確認眼前這個人是否為自己的主人，所以會拼命聞主人身體。

貓咪是抱著什麼樣的
心情睡覺？

留意貓咪**睡相**
及睡覺場所！

貓咪的睡姿就是
當下情緒的自然反應

**感覺安全，會張大身體睡覺；
覺得危險，會僵硬蜷縮而睡**

看似毫無意義的貓咪睡姿，正是牠當下的情緒表徵。人類遇到危險時，絕對不會出現大字型睡姿，而是蜷曲身體睡覺。同樣地，當貓咪感到不安或警戒時，為了可以立刻採取行動，牠會腳掌貼地睡覺。頭部則是躺在前腳上方，這樣就可以立刻抬頭觀察四周情況。相對地，當貓咪感到放心、安全時，牠會露出肚子睡，呈現毫無防備的睡姿。

此外，氣溫也會影響貓咪睡姿。就算貓咪感到安全，如果氣溫低，為了不讓體溫流失，牠會將身體蜷曲成圓形睡覺。總而言之，氣溫與情緒是決定睡姿的兩大因素（關於睡姿與氣溫的關係，請參考P.52）。

危險

腳彎折於身體之下而坐稱為「香盒坐姿」，因為無法馬上起身行動，表示這時貓咪是處於小安心的狀態。不過，牠的頭會抬高，方便觀察周遭狀況。

因危險狀況需要提高警覺時，貓咪會將身體蜷圓，保護自己。同時牠的頭不接貼著地面，而是靠在前腳上面。這樣的話，一聽到聲音就可以馬上抬頭察看。

這是危險警戒解除的狀態。腳完全伸展、身體側躺，馬上就睡著，一動也不動。這是整個肚子露出來的前一階段。左邊的貓是頭貼地睡覺，右邊的貓則將頭靠在前腳，顯示右邊貓咪的警戒意識較高。

安全

當貓咪毫無防備，感到十分安心時，會將寶貝的肚子露出來仰睡。這樣的睡姿無法馬上起身，處於毫無防備的狀態。能夠看到愛貓這樣的睡姿，是主人最大的幸福。

預備知識

臉部表情

姿態

尾巴

睡姿

姿勢

叫聲

動作

各種情境Q&A

對貓咪而言，15℃～22℃是最舒服的溫度。氣溫低於適溫標準的話，貓咪會覺得冷而蜷圓身體睡覺。貓咪將身體整個縮成圓形，不讓身體內側外露，可以預防體溫流失。有的貓還會將鼻尖縮進身體裡，變成一顆圓球。相對地，當氣溫超過22℃，貓咪會覺得熱。這時候牠會伸展整個身體，利於散熱。也會露出肚子散熱，或是將肚子貼在冰涼的地板。貓咪睡姿就是最佳的溫度計。

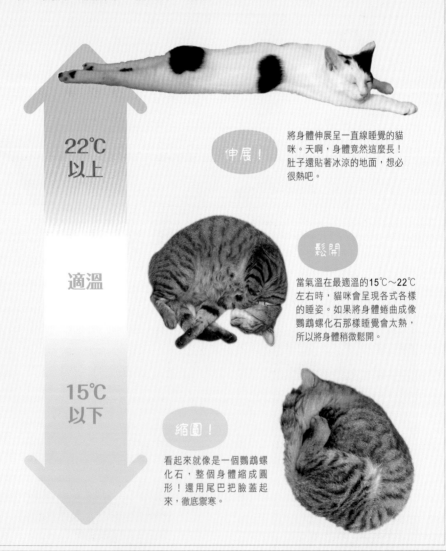

22℃以上

伸展！

將身體伸展呈一直線睡覺的貓咪。天啊，身體竟然這麼長！肚子還貼著冰涼的地面，想必很熱吧。

適溫

鬆開

當氣溫在最適溫的15℃～22℃左右時，貓咪會呈現各式各樣的睡姿。如果將身體蜷曲成像鸚鵡螺化石那樣睡覺會太熱，所以將身體稍微鬆開。

15℃以下

縮圓！

看起來就像是一個鸚鵡螺化石，整個身體縮成圓形！還用尾巴把臉蓋起來，徹底禦寒。

【鑽進箱子裡睡覺】

貓咪會鑽進鑲子裡睡覺。有的貓咪還會鑽進籃子或砂鍋睡覺，相當有趣。

這是野生時期的習性，所以很喜歡鑽進箱子裡

家裡只要有新的箱子，貓咪一定會鑽進去瞧瞧。除此之外，也喜歡勉強自己鑽進狹窄空間裡睡覺。貓咪的這個行為，其實與野生時期的習性有關。在野生時期，貓咪會把樹洞或岩穴等剛好可以容納自己身體的地方當成床。關鍵在於「剛好把自己塞進去」，如果空間太大，敵人可能會闖進來，就無法安心睡覺。雖然空間有點狹窄，但貓咪柔軟度佳，要鑽進去不成問題。對貓咪而言，睡覺的地方就是遇到危險時的藏身之處，因此愈多愈好。如今這個習性被保留下來，所以貓咪只要看到箱子，一定會鑽進去瞧瞧是否舒適。

野生時代的貓會把樹洞或岩穴當成床。當時的習性依舊殘留在現今的貓咪身上。

由紙箱組成的貓咪公寓。一樓和二樓都有住戶。貓好像會選擇適合自己身體尺寸的家。

整個身體剛好塞進紙箱裡，一臉高興的模樣。雖然很想問牠：「會不會太窄了？」但全身貼著紙箱會讓貓咪很有安全感。

身體剛好塞進洗臉盆裡。看到的人還會擔心貓咪待會是否出得來，其實對牠而言，這樣的大小剛剛好。

將身體對彎曲，睡得很香甜的貓咪。這樣的姿勢也能睡著，真是厲害。

塞進透明網籃裡的貓咪。這個籃子看起來似乎小了點，待會貓咪出來，身上可能會印滿籃子的網紋吧（笑）。

感情好的兩隻貓咪會把自己硬擠進一個箱子裡。雖然有點擠，但是牠們完全不在意！

【靠著枕頭睡覺】

把頭靠在某個物體上的睡姿。雖然從未聽過貓咪睡覺一定要有枕頭，但是許多貓咪都會這樣睡。

為了能馬上觀察周遭情況，所以睡覺時要把頭枕高

貓咪的頭也是很有份量的。如果在適當的高處有個物體，枕著睡覺會很放鬆。此外，靠著枕頭睡覺時，頭的位置抬高，當聽到有聲響時，只要張開眼睛就能馬上確認狀況。總之，當貓咪心有警戒，無法安心的時候，通常會採取這樣的睡姿。

對著喜歡的枕頭，染上自己的氣味。貓咪對於睡覺的場所很挑剔，在熟悉的環境下才睡得著，所以每次都要靠著相同的枕頭睡覺。

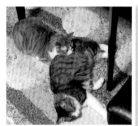

把同居貓友的身體當成枕頭睡覺。在最喜歡的同伴的氣味與體溫之下，可以睡得很安心。

把面紙盒當枕頭，睡得很香甜的貓。

小貓咪把頭靠在貓砂盆邊邊睡覺。許多小貓喜歡睡在貓砂盆裡。因為是自己的氣味，可以安心地睡。

還有貓咪把遙控器當枕頭。那個，不好意思，我想轉台呢……。

【遮眼睛睡覺】

貓咪用前腳遮臉的睡姿。
這個睡姿跟人類很像，感覺像在模仿人類。
另外也會趴著睡。

光線刺眼，所以用前腳遮擋光線

　　有的人可以開著燈睡覺，有的人一有光線則睡不著。貓咪也不例外，有的貓睡覺時怕光，四周燈火通明會睡不著。貓咪眼睛的感光度優於人類，螢光燈等的人工光線並非天然，貓咪會覺很刺眼。於是牠會用前腳遮臉，讓眼前呈現黑暗才睡得著。當貓咪無法移動到黑暗場所睡覺或懶得移動時，就會使出前腳遮臉的手段，阻隔光線。

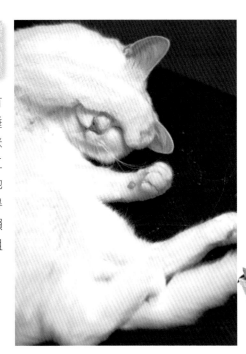

貓咪將整張臉埋進毛毯裡，讓你忍不住想問牠：「不會呼吸困難嗎？」這個姿勢可以完全阻隔光線，貓咪才能睡得舒服。

有時候
睡醒時會把臉壓到變形！

可能是要伸懶腰，或是什麼原因，睡醒時會將前腳交叉置於臉上，用力「壓著臉」。對愛貓人士來說，是個讓人無法招架的動作之一。

【同步睡姿睡覺】

貓咪跟貓咪一起睡的時候，睡姿是一樣的。有時候主人也會跟他養的貓咪以相同姿勢睡覺。

因為交情好
連情緒也會「同步」

　　小貓有個天性，牠會模仿母貓或手足等感情親近的其他貓咪。透過這樣的同步行為，小貓會學到各種謀生技能。因此，小貓會做出完全相同的動作，或在同一時間做出相同行為開始來學習。貓咪會出現這些行為並非偶然，關係密切才會出現這種「同步現象」，乃是好朋友的象徵。

額頭貼額頭表示親愛！這是一個左右對稱的動作。如此近距離接觸且同眠，真的是哥倆好。

這兩隻感情好的貓咪睡姿好像在跳舞。前腳交叉的模樣真可愛！

兩隻貓咪蜷曲而睡的姿勢就像雙胞胎。還一起把頭枕在腳上睡覺。真是相親相愛的哥倆好。

連翻身的姿勢都一模一樣!?好像從鏡子映照的一幅畫。同居貓咪感情好的特技。

【屁股朝向對方睡覺】

把屁股朝向對方的睡姿。應該會有許多人在心裡嘀咕著：「很開心你要跟我睡，
但是請不要把你的屁股貼在我臉上，饒了我吧！」

貓咪會有這樣的睡姿絕對不是討厭你！其實是信賴象徵

睡得超熟

貓咪把屁股朝向對方睡覺是信賴的象徵。小貓會把屁股朝著母貓睡覺。如果危險來自前方，可以用雙眼確認狀況；如果敵人來自後方，就很難掌握情況。睡覺時有信賴的母貓在身後，就可以安心地睡。貓咪把屁股對著你的臉睡覺，表示牠把你當成母貓看待。就算牠把肛門直接對著你的臉，也絕對不是因為討厭你……。

大家應該有過這樣的經驗吧？睡覺時突然覺得眼前好重，睜開眼睛一看，貓咪竟然把屁股擺在我臉上！貓咪是因為愛慕你、信任你，才會有這樣的行為，不要責備牠喔。

大一點的小貓將臀部依偎著母貓的身體睡覺。這樣毫無防備的背後就能得到母貓的守護。

主人雙手交握著睡覺，上面坐著兩隻貓咪。其中一隻貓咪把屁股對著主人的臉坐著。

右邊的貓咪把屁股貼在熟睡的同居貓（左）臉上，睡得很安穩。右邊的貓咪看起來比左邊貓咪年幼。

這兩隻貓咪彼此屁股依偎而座。這也是彼此信賴的證據。

寵物會長得像飼主？

根據關西學院大學的研究，結果顯示我們在選擇想飼養的狗時，會無意識地選中和自己長得很像的那隻狗。會這麼做的理由是因為「人會對看慣的人事物產生好感」。這個情況下，看慣的人事物就是自己的長相，長髮女性會養垂耳犬，短髮女性會養立耳犬。

這個情況套用在貓咪身上也適用。不過，有多數人是在偶然機會下撿到野貓就開始飼養，所謂的「挑選率」會低於養狗的情況。下面的照片是純種貓（也就是挑選飼養）和主人的合照，大家是不是覺得很像呢？

我們常說，夫妻生活久了，長相、動作、說話語氣會愈來愈像。人和貓咪生活在一起，行為動作和氣質當然也會變得相似。此外，食量大的人養的貓咪，常會因為主人餵食過量變成胖貓。

耀眼亮麗的主人和活潑伶俐的美國短毛貓。貓咪的身體紋路和主人身上衣服的橫紋圖案是不是很相似!?

洋溢少女氣息的主人和溫馴可人的蘇格蘭摺耳貓。

主人的眼神有力，跟一樣有著大大鳳眼的索馬利貓真的很像！

奇怪姿勢象徵
的情緒意涵

【站立】

臀部貼著地面，背部挺直的站立姿勢。
這個姿勢是不是很像袋鼠？
有的貓咪可以持續站立好幾分鐘。

貓咪站立是確認勢力範圍或感到好奇、警戒的象徵

當貓咪在意遠方事物或對四周有所警戒時，牠會站起來抬高視線，仔細觀察對方。貓咪站立的理由跟袋鼠一樣。因此，當貓咪出現這個姿勢，表示牠很在意自己的勢力範圍，不容他人侵犯，也可能是好奇心或警戒心的象徵。如果屁股貼著地面，這個姿勢對貓咪來說沒有那麼累，所以有的貓可以持續站立好幾分鐘。

貓咪的腳部結構

腳後跟

腳趾　肘部　膝蓋　趾尖

貓咪走路時，只有趾尖貼著地面。相當於人類腳後跟或手腕等部位，並沒有貼地面。站立時，腳後跟貼著地面才安穩。

【老爺坐姿】

像人類一樣將雙腳張開,還往前伸,整個身體坐在地板上。小編們自行將其取名為老爺坐姿。

老爺坐姿的背後圖。完全看不出來是隻貓⋯⋯

野生貓咪絕對學不會
超級輕鬆舒適的坐姿

一般貓咪的坐姿就像13頁的圖片,將四隻腳的腳底貼著地面,支撐身體坐著。老爺坐姿是將後腳整個張開,萬一發生什麼事,貓咪根本無法馬上站起來。這應該是家貓才會有的無防備坐姿。老爺坐姿跟貓咪要梳理肚毛的姿勢很像,貓咪可能在梳理肚毛時,發現這樣的坐姿「意外舒適」,所以就養成習慣了吧!

會擺出老爺坐姿的貓咪
還是以公貓居多?

公貓可能因為有睪丸的關係,採取這個坐姿很安穩。這一頁圖片介紹的貓咪確實清一色是公貓。此外,身體柔軟度佳的蘇格蘭摺耳貓也常會出現這個坐姿,因此也可以稱為「蘇格坐姿」。

戒~

【捲尾巴】

坐著的時候，尾巴像圍巾捲繞在腳四周。
這是個性小心翼翼的貓咪才會有的姿勢。

避免長長尾巴受傷
所以依靠著身體

　　貓咪長長的尾巴沒有緊貼身體的話，可能一不小心會被別人踩到。尤其是個性謹慎的貓咪，一定會將尾巴夾在後腳之間。或許牠以前曾經有過尾巴被踩的經驗。警戒心強的野貓為了不在地面留下氣味，坐的時候會將尾巴收在肛門下面。

【前腳大開】

平常應該位於身體中央下方的前腳朝兩旁張開，夾著後腳的姿勢。

貓咪梳毛偶爾會
擺出的妙姿

　　這個姿勢跟「老爺坐姿」（P.61）一樣，都是貓咪梳毛時偶爾會做出的奇妙姿勢。貓咪要舔背部時，會將一隻前腳繞到背後（後腳外側），進而發展出這個坐姿。雖然將兩隻前腳置於外側看似很費力，但對貓咪來說，這可是相當安穩的坐姿呢！

【 四肢垂晃 】

當貓咪在高處休息時，牠會全身放鬆，讓四隻腳往下垂。這也是野生時期留下來的休息姿勢。

跟野生獅子一樣的休息姿勢

各位有沒有看過躺在樹上休息的獅子呢？同樣地，貓咪也會全身放鬆，四腳垂晃地睡覺。貓咪在野生時期也是躺在樹上休息。這個姿勢就是當時的沿襲。這個姿勢容易散熱，貓咪覺得熱的時候，或許會選擇這個姿勢。

【 嘴含前腳 】

將前腳放進嘴裡的姿勢。
好像小孩在吸手指般，真是奇妙的姿勢。
好擔心下巴會不會掉下來⋯⋯。

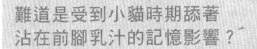

難道是受到小貓時期舔著沾在前腳乳汁的記憶影響？

你應該認為很少有貓咪會做出如此奇怪的行為，但是右邊照片中的貓咪似乎很習慣這個姿勢。根據推測，小貓在吸母奶時，會一邊用前腳按壓，一邊吸奶，還會舔沾在前腳的乳汁，可能因為有過這樣的經驗，這個幼貓時期的行為才會被留存下來。

嘴含前腳的小貓。貓咪全神貫注地理毛時，也會出現咬指甲的保養動作。嘴含前腳或許就是這個行為的變化型？

63

【單邊前腳上抬】

只有單腳稍微抬高，
靜止不動的姿勢。
貓咪是為了什麼要抬腳呢？

這時候到底該逃跑？
還是多管閒事強出頭？

　　當貓咪察覺到危險，猶豫是否要逃離現場時，就會出現抬起前腳的姿勢。這時候貓咪會一直盯著對方看，一旦狀況有所變化，就會拔腿逃跑。為了可以馬上拔腿逃跑，所以會先抬起前腳。貓咪有這個姿勢時，也有在猶豫是否要出拳攻擊的意思。

【倒立看人】

從貓跳台的洞探出頭來，以倒立姿勢觀看景物。
此外，貓咪也會仰躺觀察四周景物。

倒立觀察事物彷彿置身另
一個世界，感覺真有趣

　　人類的小孩也會玩從自己雙腿之間窺看世界的遊戲，貓咪的這個動作就是相同的道理。倒立觀物時，原本熟悉的地方會變得宛若陌生場所，非常有趣。也就是說，貓咪會覺得置身於「另一個世界」。貓咪應該是要從貓跳台的洞下去時，發現了這個有趣的遊戲。貓咪跟人類的小孩子一樣，懂得使用「想像力」玩遊戲。

【摟肩】

像男生會摟著女生肩膀那樣,將前腳擺在其他貓咪肩上的姿勢。
這個姿勢是否看起來像一對情侶呢?

成貓摟著小貓的肩膀。大家是否覺得成貓的眼神在
說:「這傢伙是我的人」?

強勢的貓會摟上
想要駕馭的貓咪肩膀?

　　感情好、住在一起的貓咪常會做出這個
姿勢,這個當然是交情好的象徵,不過意義
不只如此。將前腳跨在對方肩上,無意識間
有著想控制對方身體的意思。強勢的貓會對
弱勢的貓做出全身壓倒的姿勢,這種行為稱
為「騎乘行為」。因此,這時候前腳擺在別
的貓咪肩上的這隻貓,就立場而言是處於強
勢。被前腳跨著的貓咪馬上一動也不敢動,
等於向對方承認自己的弱勢。如果以人類比
喻,像不像在說:「這是我的女人,不准你
碰她」呢?

有時候會搓臉頰
向對方拍馬屁

搓臉頰是交情好的證據。不過,也會
有處於地位低微的貓咪為了向老大貓
咪拍馬屁,而做出搓臉頰的動作。光
看外表,根本無法分辨貓咪的關係。

這兩隻貓咪依偎而睡,後面那隻
貓好像右前腳沒有地方擺,只好
擺在前面那隻貓的肩膀上。真是
一對好朋友!

相親相愛的白貓(公貓)和黑貓
(母貓)。應該還是公貓會摟肩的
比例比較高吧?

預備知識

臉部表情

姿態

尾巴

睡姿

姿勢

叫聲

動作

各種情境Q&A

貓咪為何能伸展身體？

很神奇地，貓咪可以把身體伸展得很長。當你看到此景時，絕對不是錯覺，貓咪確實伸展能力很強。動物的骨頭之間是以關節相連結；不過，貓咪的關節特別柔軟，每個關節都可以像橡皮筋那樣盡情伸展。當牠的所有背骨關節都伸展時，身體長度會比平常增加兩至三成！不妨測量一下愛貓伸展時的身體長度（從頭到尾巴根部），跟平常的身體長度比較一下。

關節　關節

骨　骨　骨

↓

骨　骨　骨

平常關節約是0.05公分長，伸展以後可以變成1公分長呢！

after

before

1.3倍

平常縮著的後腳肌肉突然大幅伸展，還來個大跳躍！貓咪的跳躍能力跟牠的身體柔軟度及肌力強度成正比。

在「伸展」的時候，背部還能如此彎曲，由此可見貓咪的背骨關節相當柔軟。

喵噢、呼嚕呼嚕、嘎嘎嘎嘎
…etc.

各種傳達情緒
的貓咪叫聲

喵～～～

也要把貓咪發出叫聲的情況考量在內，再辨別其情緒

貓咪叫聲大致上有兩種意義！

當你的愛貓頻頻對著你叫時，你應該曾經這麼想：「如果聽得懂貓語就好了。」貓咪何時叫？叫聲如何？這些都是掌握貓咪情緒的線索之一。

貓咪叫聲大致上有兩種意義。第一種情況是，對著自己的小孩或手足等相當親近的夥伴呼喊：「過來這裡！」另一種情況是看陌生人或敵人時，貓咪會叫著說：「滾到一邊去！」目的在命令對方離開。貓咪對如同自己母親的對象，會發出撒嬌的叫聲；對危險人物會發出威嚇的叫聲。

本章節將針對貓咪的各種叫聲予以解說。不過，並非所有貓咪叫聲都相同。即使叫聲相同，發出叫聲的情況也不一樣。意義也會有所差異。重點在於仔細觀察貓咪是在何種情況下發出叫聲，才能掌握其情緒。

愛貓的叫聲習性會受主人影響？

如果是野貓，等牠長大後不太會叫。在野生時期，貓咪基本上是獨居生活，因為只有牠一個，如果叫的話，對自己不是很有利。反而會提高被敵人發現的危險。

可是，如果是被飼養的家貓，牠只要一叫，主人就會有所回應，牠會認為叫了就可能有好事發生。因此，家貓就算長大為成貓，還是會經常叫。家貓的叫聲會受到牠與主人的溝通情況影響，在牠與主人相處的過程中，自然就會養成愛貓獨特的「叫聲習性」。

呼喚對方的叫聲

【喵噢】 ．．．．．．．．． P.70

【呼嚕呼嚕】 ．．．．．． P.72

【喵】 ．．．．．．．．．．． P.74

親子或手足之間
呼喚關係密切
對象的叫聲

呼喚對方「過來」或告訴對方我現在處於安心、滿足的狀態。碰到親密對象時，就像人類會出聲問好，貓咪也會以叫聲打招呼。這時候的聲調相當溫柔，好像在撒嬌。

下令對方離開的叫聲

【哈！】
【喵～喔～】 ．．．．．． P.78

【嘰啊！】 ．．．．．．．．． P.79

以尖銳叫聲
威嚇對方
要求對方離開現場

面對敵人時，貓咪會發出尖銳叫聲，意思是「不准過來！」、「你再靠近我，我絕對不會放過你！」這種情況可以再分為強勢與弱勢兩種情形，可以從貓咪的姿態或表情分辨出來。

小貓能清楚辨識自己雙親的聲音！

親子之間會互相對叫，確認彼此的存在。小貓叫是為了告訴母貓自己現在的位置，母貓叫則是在呼喚小貓。即使多對親子貓咪在同一個場所，基本上都能分辨自己的雙親或孩子的叫聲。企鵝能從數百隻群體中，聽叫聲找到自己的那個孩子，貓咪的聽覺也不輸企鵝。小貓在出生後第四週左右，就能清楚分辨雙親或手足的聲音。這可是貓咪的求生術呢！

是媽媽！

預備知識

臉部表情

姿態

尾巴

睡姿

姿勢

叫聲

動作

各種情境Q＆A

69

【喵噢】

這是最常聽見的貓叫聲。
時而聲調高亢，時而拉長音，
還會有抑揚頓挫，真是千變萬化。

喵噢～

原本是小貓對著母貓所發出的叫聲

提到貓叫聲，你會想到什麼？答案可能是「喵」、「喵噢」、「喵～」，多少有所差異。不過，這個「喵噢」是最常聽見的叫聲。原本是小貓對著母貓訴說心情的叫聲，譬如「好冷～」、「肚子好餓～」等。

如果是野生貓，長大以後自然就不太會鳴叫。但如果是家貓，貓咪會把主人當成媽媽，而且總是以為自己沒有長大，所以常常會發出這個叫聲。

對主人有所要求或有所意見的叫聲

「喵噢」原本是小貓才會發出的叫聲，當貓咪對著主人如此叫時，其實有各種涵意。當貓咪想表達「肚子餓了」、「陪我玩」、「帶我出門」，為了向主人提出各種要求或意見，就會這麼叫。或是因為牠記得以前這麼叫，主人就給我飯吃或幫我開門，帶我出去玩。當主人回應貓咪的要求，牠就會記住「喵噢地叫就可以了」。因此貓咪才會常常這麼叫。

貓咪的請求「喵嗚」

各種情境解析

喵嗚

喵嗚

在餐盤前

「喵嗚」

很明顯地，貓咪在告訴你：「給我飯吃。」如果已經過了用餐時間，趕快給牠吃飯。如果不是用餐時間，要不要餵牠可要好好思量一下。如果讓貓咪以為「只要我叫就有東西吃」那麼以後可是很麻煩喔！

喵嗚

尾巴豎起
向你靠近

「喵嗚」

當貓咪尾巴豎起，並向你靠近，表示牠把你當成母貓，想向你撒嬌！這時候你就盡情疼愛牠吧，能加深彼此的羈絆。

喵嗚

在水龍頭前

「喵嗚」

這是「我想喝水」的需求。比起碗裡的水，許多貓咪更喜歡流動的水。讓貓咪多喝水有益健康，當牠有喝水的要求，儘量滿足牠。

喵嗚

在門前或窗前

「喵嗚」

這時候貓咪是在告訴你：「我想出去，幫我開門。」尤其是曾經有過一次外出經驗的貓咪，就會非常想要跑出去。但是，外面很危險，可能會發生交通意外。千萬不要任由牠為所欲為。

滿足貓咪無理的要求，以後會沒完沒了？

如果是「陪我玩」、「抱我」等非無理的要求，最好儘量滿足貓咪，可以加深你們的感情。可是，若是「再多給我飯吃」等無理的要求，千萬不要滿足牠。我們總是在聽到貓咪可愛撒嬌的叫聲後，就對牠的要求照單全收。然而，如果讓貓吃下超過食量的食物，可是會影響牠的健康，千萬不要害牠。此外，在「貓咪一大早就吵著要東西吃」的情況下，也要忍住不餵牠。貓咪會記住「這樣做就有東西吃」，以後每天早上都來吵你。幾次沒有回應後，貓咪就會明白，也會跟著死心。為了讓貓跟人都能過著舒適的生活，千萬不要回應貓咪無理的要求。

都吵我 每天早上 喵喵喵

【呼嚕呼嚕】

這是由喉嚨發出的聲音。這個聲音可大可小，有時很遠也能聽見，有時必須豎起耳朵才能聽到。貓咪不同，聲音大小也會有所差異。

原本是小貓對母貓表達滿足的叫聲

當小貓感到滿足或安心時，牠會對著母貓發出呼嚕呼嚕的聲音。換言之，呼嚕呼嚕聲就是「健康活力」的象徵。母貓聽到這個聲音就知道「這孩子很健康，照顧得很好」而感到放心。即使在小貓吸吮母貓乳汁時嘴巴閉著，或是吃飽睡著時，喉嚨也會發出呼嚕聲，告訴母親「我很好」。

呼嚕呼嚕呼嚕呼嚕……

長大以後這個叫聲具有各種意義

呼嚕呼嚕聲原本是「健康活力」的象徵，可是當貓咪長大後，這個叫聲具有各種意涵。除了跟小貓時期一樣，表達「滿足」外，還有「給我飯吃」、「陪我玩」、「抱我」等各種意思。

更不可思議的是，當貓咪身體不舒服時，也會發出呼嚕呼嚕聲。確切理由為何不清楚，或許貓咪這麼麼叫是希望讓自己安心。所以千萬不要聽到呼嚕呼嚕聲就馬上斷定貓咪現在「很舒服」，其實還有別的意思。

呼嚕呼嚕
是如何發聲的呢？

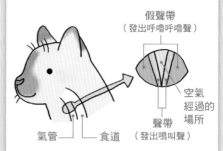

假聲帶（發出呼嚕呼嚕聲）

空氣經過的場所

氣管　　食道

聲帶（發出鳴叫聲）

貓咪是如何發出呼嚕聲，迄今未有明確答案。到目前為止，可說是眾說紛云。但其中最有力的說法，被認為是喉嚨的「聲帶」皺褶振動而發聲。透過此聲帶外側的「假聲帶」振動，而發出呼嚕呼嚕聲。因為聲帶和假聲帶各自振動出聲，所以貓咪會同時發出鳴叫聲及呼嚕呼嚕聲。

「呼嚕呼嚕」的各種 秘密

呼嚕呼嚕呼嚕……

一邊叫一邊發出「呼嚕呼嚕」聲是何種情緒？

有的貓咪會一邊「喵噢」，一邊發出呼嚕呼嚕聲。這時候貓咪是有所求，牠的要求意識比P.70～的「喵噢」聲更加強烈。通常這個時候，貓咪會伴隨陶醉或興奮的情緒，可能還會讓人擔心貓咪再這樣興奮下去，會不會跳起來呢！

獅子或老虎也會「呼嚕呼嚕」叫？

獅子和老虎都是貓科動物，所以應該也會發出呼嚕呼嚕聲吧？獅子確實跟貓咪一樣，喉嚨會發出叫聲。只是牠的聲音很大。老虎不會發出呼嚕呼嚕聲，當牠感到滿足時，應該是會發出獨特的「呼呼」聲吧。到底是什麼樣的聲音呢？

有治療身體的效果？

有一個驚人的說法：「貓咪的呼嚕呼嚕聲，有治療骨折、強健骨骼的效果。」這是美國某間研究所提出的假設理論，貓咪的呼嚕呼嚕聲振動頻率是20～50赫茲，其振動能提高骨質密度，具有治療骨折的效果。

事實上就有所謂的振動超音波骨折治療法，用來治療運動選手的骨折。此外，還有個說法認為，呼嚕呼嚕聲不僅能治療骨折，也有緩和呼吸困難的效果。如果這個說法屬實，當貓咪身體不適時發出呼嚕呼嚕聲，等於是在進行「自我治療」。還有人提出假設理論，認為獨居野外的貓咪自癒能力相當發達……真相究竟如何？

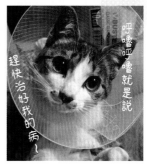

呼嚕呼嚕就是說趕快治好我的病～

預備知識
臉部表情
交德
尾巴
睡姿
姿勢
叫聲
動作
各種情境Q&A

【喵】

輕而短促的叫聲。
對貓同伴或主人也會發出這個叫聲。
野貓也會這樣對人類叫。

以人類來比喻就是在道「早安」。輕聲地向對方打招呼

貓咪本來並沒有發出叫聲打招呼的習性。貓咪彼此是以鼻貼鼻的肢體語言互相問候。之所以會發聲打招呼，其實是跟人類生活以後造成的影響。貓咪發現對人類用肢體語言問候，人類察覺不到，所以改用叫聲打招呼。還有，家裡如果養多隻貓的話，貓咪的勢力範圍就會比野外生活時小。為了在有限空間活得好，只好學會野外生活從來不會做的溝通方式「發出叫聲打招呼」來問候同伴。

經常叫的貓、不常叫的貓

貓咪因品種不同，有的經常叫，有的不太會叫。
而且叫聲大小也不一樣。在此介紹部分貓的品種。

經常叫的貓咪品種

暹羅貓
雖然身軀纖細，叫聲卻非常大。個性開朗活潑，經常以高亢聲調大叫。

孟加拉貓
孟加拉貓常會對著人叫，所以稱牠為「愛說話的貓」。叫聲多樣化，聲調都很高亢。

波斯貓
多數波斯貓個性穩重，也會控制叫聲。有人說波斯貓是最溫馴的貓咪。

異國短毛貓
這個品種屬於「波斯短毛貓」，叫聲非常微弱。天性悠栽，也很乖巧。

不太會叫的貓咪品種

俄羅斯藍貓
俄羅斯藍貓有「無聲貓」的稱號，牠的叫聲相當微弱，即使是成貓也很少叫。

喜馬拉雅貓
喜馬拉雅貓的體型跟波斯貓一樣，也是很少叫。個性也很乖巧。

【嘎嘎嘎嘎】

下巴輕微開合，像是摩擦牙齒的奇妙叫聲。
當貓咪發出此叫聲時，雙眸會凝視某物。

發現窗外有鳥！

嘎嘎嘎嘎

闡明抓不到獵物時
內心「糾葛」的叫聲？

百感交集啊～

　　當貓咪發出這個叫聲時，聽者聽到的感覺會有不同，有的人覺得像「咯咯咯咯」，又有人覺得像「喀喀喀喀」或「卡卡卡卡」，還有人覺得像狗叫聲。因為平常很少聽到貓咪這麼叫，聽者會覺得奇怪。

　　當貓咪發出這樣的叫聲時，牠通常正在凝視窗外。而且，窗外一定有小鳥之類的小動物。貓咪會一直盯著這些小動物瞧。可是，牠只能這樣凝望著，根本無法出去抓小動物。於是，牠就發出這樣的叫聲。

　　有個有力的說法認為，「因為貓咪想抓獵物卻抓不到」，內心感到「糾葛」或「百感交集」，於是就發出如此奇特的叫聲。還有，當貓咪腦海裡想像自己正在捕捉飛來飛去的獵物時，也會發出摩擦牙齒般的叫聲。此外，當貓咪還想玩遊戲時，主人卻把牠的玩具收起來，也會發出這樣的叫聲。

預備知識

臉部表情

姿態

尾巴

睡姿

姿勢

叫聲

動作

各種情境Q&A

【 喵 ～ 】 (聽不見的) 叫聲

貓咪看著主人，好像要發出叫聲將嘴巴張開，但卻是沒有聲音的無聲叫聲。

其實貓咪是用「超音波」在叫可能是「超」甜美的叫聲？

貓咪能夠以人類聽不見的高周波數（超音波）發聲。通常是剛出生沒多久的小貓會這麼叫。每當遇到危險時，小貓會以超音波鳴叫，通知母貓。也就是說，當貓咪對你這麼叫的時候，表示牠把你當成母貓。不過，你聽不到聲音，但是貓咪此時是看著你張開嘴巴在叫。這時候你就變身為牠的媽咪，好好疼愛牠吧！

喵
～

緊急情況能派上用場的超音波叫聲

小貓跟母貓失散的時候，小貓會發出叫聲，通知母貓自己處於危險狀態。如果是超音波叫聲，貓咪本身能清楚聽到，母貓會立刻察覺狀況，援助小貓。超音波叫聲就是小貓遇到緊急情況所使用的警報器。

喵～ 喵～

貓咪聽力超好，能聽見超音波

貓咪能夠聽到人類聽不到的高周波數聲音（超音波）。人類可以聽到大約20000赫茲的聲音，貓咪則能聽到60000赫茲的高周波數聲音。狗的聽力是38000赫茲，相較之下，貓咪的聽力明顯比狗好。貓咪的獵物老鼠會發出20000～90000赫茲的超音波叫聲，貓咪的耳朵結構本來就是可以輕易聽見老鼠叫聲的構造。

20000赫茲

38000赫茲

60000赫茲

老鼠的聽力更好

啾一！

【呼～（嘆氣）】

這是從鼻子發出的大聲響。
貓咪也跟人類一樣會嘆氣，
只是牠是從鼻子嘆氣。

並不是為了煩惱而嘆氣
而是專注或緊張的象徵

當貓咪「呼～」地嘆氣時，你可能會擔心牠是不是「有心事？」其實不是這樣的，貓咪並不是因為有心事而嘆氣。人類聚精會神時會屏息專注，等緊張解除時很自然就會吐口氣，貓咪也跟人類一樣。當牠觀察陌生事物時，會聚精會神，等到確認「安全」時，鬆了一口氣，很自然就會「呼～」地吐氣。

可是，當主人對貓咪做了某個動作後，如果貓咪「呼～」地嘆氣的話，表示主人這個動作會讓貓咪感到緊張，最好反省一下你對貓咪的行為。

呼～

太緊張了

⚠ 貓咪如果用嘴巴呼吸，那就危險了！

前面提過，貓咪連嘆氣都是由鼻子發聲，貓咪平常不會用嘴巴呼吸。貓咪打噴嚏時，嘴巴不會張開，而是用鼻子打噴嚏。動物張嘴且發出哈哈聲呼吸的話，稱為「氣喘式呼吸」。貓咪如果出現氣喘式呼吸現象，可能是運動過度而喘氣，也可能是生病造成的身體不適。如果牠沒有運動卻張開嘴巴，呼吸困難的話，生病的可能性很高。可能罹患了肺炎、膿胸、中毒、心臟疾病、中暑等重症，趕快帶牠去醫院看病。

哈哈

【哈！】

貓咪張大嘴巴露出牙齒，
從喉嚨深處發出吐氣般的叫聲。

哈一！

愛威嚇對方時
所發出的震懾叫聲

　　這個叫聲是在威嚇對方，希望能藉此嚇退對方。等於是在警告對方：「不准靠近」、「只要你靠近就會攻擊你！我可是強者！」貓咪做出威嚇行為時，具有強勢與弱勢兩種狀況。若是強勢威嚇，牠會挺起身體看著對方；若是弱勢威嚇，牠會放低身體，雙耳倒垂。這就是充滿自信與虛張聲勢的威嚇差異。

　　即使是剛出生沒多久的小貓也會發出這樣的叫聲恫嚇對方，算是貓咪的一種本能。

【喵～喔～】

貓咪起爭執、彼此對峙時，
就會發出這樣的吼聲。

喵～喔～

為了嚇倒對方，讓自己能在
吵架時佔優勢所發出的聲音

　　當貓咪已經發出「哈！」的聲音，但是彼此還是不願退讓一步，依舊相瞪吵架時，會發出這個叫聲恫嚇對方。這是充滿緊張感，聲調拉得很長的吼叫聲，音調會時高時低。若以人類來比喻，好像在說：「要打架嗎？還是不想打架？」之後就開始作勢準備打架。

　　一旦開打，不只會發出這個叫聲，而是一邊打架，一邊發出高而尖銳的叫聲。

【嘰啊！】

這是高而尖銳的叫聲。在打架時被抓傷就會發出這個叫聲。

大聲喊叫告訴對方
自己很痛或恐懼

　　打架時被對方抓傷或被人類踩到尾巴，當貓咪感到劇痛或恐懼時，就會大叫要對方「住手！」告訴對方「我很痛！」這個叫聲非常刺耳，讓人很想搗住耳朵的尖銳叫聲。

　　交尾結束後，有時候母貓也會發出這樣的尖銳叫聲。因為公貓的陰莖有刺，當公貓拔出陰莖時，弄痛了母貓，所以母貓就大叫。有時候母貓太痛了，還會踢公貓一腳。

【呐～嗚】

發情期的特有叫聲。
會響徹四方的高分貝叫聲。

為了找尋異性朋友
一邊大聲叫一邊四處走動

　　貓咪到了發情期，牠會一邊大聲叫，一邊求偶。一年裡貓咪會有數次的發情期，其中二月左右是最重要的時期，所以有人稱這段期間為「貓戀季節」。人類覺得公貓和母貓的叫聲很像，但是貓咪彼此可以從叫聲分辨出差異性。當公貓聽到母貓叫聲時，會來到母貓身邊。有時候一隻母貓可以召喚到好幾隻公貓。於是，母貓爭奪戰就要開打了。

【嘻】

撲向獵物時太興奮
忍不住發出的叫聲

　　當貓咪發現獵物或把玩具當成獵物，準備攻擊時，就會由鼻子發出這個叫聲。這個叫聲就像咋舌聲或吐口水聲，聽起來像「嘻」或「呸」。這個聲音的意思是「好，準備要攻擊了！」因為貓咪太興奮，忍不住就發出這個聲音。貓咪並不是在跟對方說話，而是在告訴自己，可以攻擊了。

【嘩】

這是威嚇的叫聲
目的在警告對方

　　這個叫聲相當低沉短促，是在威嚇對方。類似狗叫聲，目的在警告對方。當有外人闖進自己的勢力範圍，貓咪就會發出這個叫聲。感覺像是人類在說：「喂，你是誰？」

【嗯啊】

終於發現獵物
太興奮的叫聲

　　當貓咪經過一番波折後終於發現獵物，就會忍不住發出這個叫聲。意思就是「找到了！」、「發現獵物了！」太興奮忍不住如此大叫。然後貓咪就會開始瞄準時機，準備撲向獵物。

我家的貓幾乎不叫。
這樣有問題嗎？

　　一般說來，個性像小貓的貓咪才會經常叫。個性成熟穩重的貓幾乎不會叫。本來每隻貓咪的個性就不相同，會有如此差異很正常。當貓咪想跟主人玩的時候，有的貓咪會撒嬌地叫，有的則是靜靜地看著主人，也有貓咪會嘴裡啣著玩具，走到主人身邊。總之，每隻貓咪的表現態度都不同。對於不常叫的貓咪，可以從其尾巴狀態或臉部表情等非叫聲以外的各種表徵，來讀取貓咪的心情。

貓咪對人類語言
的理解程度是多少？

貓咪當然不懂人語……這可不一定喔！貓咪應該多少聽得懂人類語言。那麼，了解程度究竟如何呢？

貓咪會記住名字或「吃飯了」等單字

狗大概可以聽懂80種人類語言。貓咪的智商跟狗同等級，推測貓咪應該也能聽懂相同程度的人類語言。

貓咪對於「利己的語言」或「損己的語言」特別敏感，也比較容易記得。比方說要餵貓咪吃飯（這是好事），當主人說「吃飯了」，貓咪就會記住「吃飯」這句話。相對地，當你責備貓咪時（這是壞事）每次都說「你這傢伙！」牠會知道「你這傢伙！」代表自己惹主人生氣了，就會趕快逃離現場。

貓咪也會記住自己的名字。因為主人常對自己說出那個字，牠會記住這是「跟自己有關的語言」。譬如「咪可，吃飯了」等，將名字與「利己的語言」連在一起，貓咪也會記住。

當主人經常以「媽媽」、「陽子」等稱呼彼此時，貓咪也會記住每個人的稱呼，牠會記住「那個人就是『陽子』」。

貓咪通常是以「聲音」來記住人類語言

不過，如果你不是以「平常的語調」跟貓咪說話，牠會聽不懂。當聲調或聲音有了改變，或是平常溫柔的語調變成可怕的聲調，貓咪會覺得氣氛不一樣。就算說同樣的話，牠也聽不懂，當然就不會有回應。平常沒跟貓咪說過話的人跟貓咪交談，貓咪會認為聲調或語調不同，當然也不會有所回應。

對於相同的話，如果聲調變了，貓咪就聽不懂。如果飼養多隻貓咪，在取名字時，最好像「咪可（MIKO）」、「小櫻（SAKURA）」，改變最後一個字的發音，貓咪才容易記住。

米可 ? 喵可 ?

Q & A 喵嗄～
這樣的叫聲代表什麼樣的情緒？

Q 對貓咪說話時，發出的叫聲算是在回應嗎？

A 貓咪會回應，但可惜不懂主人的談話內容

當我們叫著貓咪名字時，貓咪會有所回應。主人對著貓咪說話時，貓咪也會不斷地「喵喵」回應。雖然貓咪有回應，但是牠完全聽不懂談話內容。即使你聊的是艱深的政治或經濟話題，貓咪也會「喵喵」回應。若要說這樣是貓咪在「回話」，似乎又不是那麼一回事。當主人說話時，貓咪之所以有回應，那是因為貓咪把主人當成母貓愛戴的緣故。就算牠聽不

所以呢～
那個時候啊～
喵喵喵喵

懂談話內容，只要貓咪有回應，你也會覺得很開心吧？

Q 每當主人外出時或回家時，會一直叫？

A 貓咪叫的意思並不是「歡迎回家」？

當你回家時，貓咪對著你「喵喵」叫時，你是不是以為貓咪在對你說「歡迎回家」呢？其實這時候的叫聲代表小貓在向母貓告知自己所在的場所。貓咪一看到主人的臉，就會把自己當成小貓，對著主人說「我在這裡」，也有「我肚子餓了」的意思。所以並不是在說「歡迎回家」。還有，主人出門的時候，當貓咪叫的話，

主人總以為貓咪在說「不要走」而懷著忐忑的心情出門，其實根本不用擔心。當你一跨出家門，貓咪就把你忘了，牠會去睡覺或自己玩，所以請安心出門。

Q 為何我一打噴嚏，牠就會叫？

A 對於不常聽到的聲音會嚇到貓咪，因而產生警戒的心所以才會叫

對貓咪而言，家是牠最安心的場所。在家的時候，牠常會整個肚子露出來睡覺，毫無防備。這時候突然聽到「哈啾」的大聲響，牠當然會嚇到，以為發生什麼事，開始有所警戒，所以就叫了。

因為貓咪自己不會張大嘴打噴嚏（參考P.77），所以才想不通為何人類會有這樣的行為。牠可能在想「主人怎麼突然發出這麼大的聲音啊！」也有人說對貓咪而言，像撕裂音的人類打噴嚏聲仿若狗叫聲，貓咪會以為「沒有看到狗，卻有狗

叫聲？難道狗躲在某處？」就會提高警覺，想嚇天敵而叫。

Q 家人吵嘴時，貓咪會發聲勸架？

A 家中氣氛不佳，貓咪會有壓力

很遺憾，貓咪並不是因為擔心主人們，想當和事佬才發出叫聲。平常氣氛祥和的家突然出現怒吼聲，讓氣氛變得緊張，會讓貓咪感到不安，所以牠就會叫。跟平常一樣的祥和氣氛最能讓貓咪感到安心。不過，如果因為貓咪叫了而停止爭

吵，貓咪就會記住「只要我叫了，就能恢復平日的氣氛」。以後主人們再吵架時，或許貓咪為了阻止爭吵，也會叫喔！

Q 我家的貓會說「飯飯～」！

A 真有貓咪會說人話？
其實是貓咪在跟主人互動

有的貓會叫「飯飯～」，有的貓則是會說「早～」。許多貓咪的叫聲聽起來真的像在說話。其實這都是貓咪在跟主人互動的關係。貓咪和主人的互動就如下方所描述。

貓咪希望主人有所回應，所以會對著主人叫。偶爾當貓咪的叫聲聽起來像在說「飯飯～」的時候，主人會感到驚喜而加以稱讚，並給貓咪飯吃，於是貓咪就會記住「當我這麼叫的時候，會有好事發生。」牠就會經常這麼叫。

很遺憾地，貓咪並不是因為了解意思才這麼叫，但這也算是一種溝通方式。

（上）這就是YouTube網站上的話題貓YUKKE。據說會講「我不知道～」、「快逃～」、「不要～」等多句日語。（左）根據貓主人所言，家裡養的愛貓最常說的人話就是「飯飯～」。貓咪肚子餓時會發出撒嬌的叫聲，催促主人快餵牠，這個叫聲讓人類聽起來很容易以為是在說「飯飯～」。

主人快樂，氣氛也能傳達給貓咪。牠會更樂意當一隻「會說人話的貓咪」。不過，可別餵食過量！

Q 每次講電話就會狂叫干擾我

A 貓咪並不知道你在講電話

貓咪當然不知道電話為何物。當牠看著主人講電話的樣子，只會覺得主人像是「一個人自言自語」。對貓咪而言，這是很不可思議的狀況。如果主人講電話時大笑或分貝高，貓咪更感困惑。有的貓咪會以為「難道主人是在對我說話？」而發聲回應。這時候如果貓咪叫了，主人沒有回應，有的會更頻繁地叫。因為貓咪完全不曉得現在是什麼情況，也難怪牠會叫了。就算貓咪搞錯狀況，也請不要罵牠「好吵」。

在撒嬌、在察看……

從**動作**解讀
貓咪情緒

【搓揉搓揉】

前腳交互搓揉著毛毯或棉被等柔軟物品。也可以說是「在踩踏物品」。

搓揉 搓揉 搓揉 搓揉

石頭

布

邊睡覺邊玩猜拳的貓咪。牠應該是在夢裡夢見自己一邊吸吮母貓的奶，一邊搓揉著玩吧！

 基本的意義　回想小時候吸奶的情形而做出的動作

　　幼貓在吸母貓奶的時候，會使用前腳搓揉母貓的乳房，一邊搓一邊喝奶，這是一種無意識的行為，做這個動作，通常乳房就會自然分泌乳汁。這是貓咪的嬰兒時期回憶，牠會一直記住，長大以後也會喜歡搓揉物體，重溫喝母奶時的幸福。當貓咪被溫暖柔軟的物品包覆身體時，也會因為舒服而做出這個行為。想睡的時候，也會有這個動作。因為在這時候貓咪完全沉浸於幸福的氛圍裡。牠感到相當滿足，仿若回到嬰兒時期。

搓揉 搓揉搓揉 搓揉搓揉 搓揉

床

【吸吮吸吮】

唧著柔軟物體並吸吮的動作。
人類手指或毛巾等都是吸吮對象。

 ## 基本的意義　其實就是吸吮母奶的動作

　　這個動作跟左頁的「搓揉」動作一樣，都是回想吸母奶的情況而有的動作。就像人類的嬰兒吸奶嘴。因此，許多貓咪是搓揉與吸吮的動作同時出現。當貓咪想睡覺的時候，也會做出這個動作。事實上嬰兒貓咪吸母奶時，常常吃飽就睡著了，也許因為這個原因，當貓咪想睡的時候自然就會做出這個動作。

愈早離開雙親的貓咪，愈容易出現嬰兒行為

「搓揉」與「吸吮」的行為都是重返嬰兒期的動作。在小貓時期，沒有經歷過完整「離開雙親」儀式的貓咪，經常會有這類行為。也有貓咪總是喜歡吸吮毛衣，結果將毛衣咬破，將毛線吞進去。可能因此導致胃腸塞滿線屑，非常危險，所以一定要將衣服收好，別讓貓咪咬。

【露肚仰躺】

仰躺露出肚子的動作，代表貓咪此時處於毫無防備的狀態，模樣很可愛，是很受歡迎的貓姿勢之一。

 基本的意義 打從心底接受主人所以覺得安心

貓咪的柔軟肚子是非常脆弱的部位，最怕遭遇攻擊。如果貓咪遇到無法放心的對象，絕對不會袒胸露肚。只有在貓咪覺得放心的時候，才會露出牠的肚子。貓咪因為很信任牠的主人，才會在主人面前做出這個動作。基本上這個動作就是這樣的意涵，不過也會因情境不同，意涵略有差異，請看以下的解析。

露肚仰躺

露肚仰躺

這樣就可以抱我！

當貓咪想撒嬌或想被抱的時候，也會做出這個動作，不過，這個動作也有「夠了，請不要再愛撫我、碰我」的意思，要分辨清楚。

其他意義

突然在主人面前露出肚子

貓咪自己走向主人身邊，然後躺下來露出肚子，表示貓咪要主人「陪我玩」。貓咪之間也會做出這樣的肢體語言，意思就是邀請對方一起來玩。接著貓咪一定會開始追逐遊戲。當你看到貓咪做了這個動作，就當牠的玩伴陪牠玩吧！

左邊的小貓露肚仰躺，在邀請右邊的小貓跟牠一起玩。這時候會有個動作特徵，牠的前腳會像在做「過來玩、過來玩」的動作。右邊的小貓回應了牠的邀請，向左邊的小貓飛奔過去。然後，兩隻貓咪就開始玩追逐、打鬧的遊戲。會這樣玩的小貓有利於其成長。

躺在你正在看的報紙或書的上面

當你在看報紙或雜誌的時候，有時候貓咪會直接躺在上面，牠絕對不是要干擾你，而是牠看到主人動也不動，想著「主人怎麼了？平常都會抱我，現在怎麼沒反應。」牠做出這個動作的意思是「喂、喂，主人啊，我在這裡。」

在愛撫貓咪途中突然露出肚子

當你愛撫貓咪背部或頭的時候，牠也會主動露出肚子，主人可能會以為貓咪要求「可以順便愛撫我的肚子吧？」其實這個動作是拒絕的意思。貓咪在對你說「夠了，請結束愛撫動作」。那麼，就請給牠自由。

愛撫 愛撫

露出肚子！

當主人們在說話時，貓咪也會跑過來露肚橫躺，這個行為是在告訴你：「也抱抱我吧！」牠想引起你的注意。

露肚躺著

【扭身】

貓咪不是只會仰躺露肚，還會扭轉身體，甚至朝左右方向一直扭轉。通常做出這個動作時，眼睛會閉著。

 基本的意義 貓咪心情好到近乎恍神時會出現的動作

會做出這個動作的理由很多，但是當貓咪扭身時，表示牠現在的心情「非常好」。心情很好，而且很享受目前的狀況。「天氣好」、「因為舔到木天蓼醉了」、「覺得慾火纏身（發情）」等，都是貓咪會做出扭身動作的理由。這個情形就跟露出肚子一樣，貓咪是處於非常安心、毫無防備的狀態。

 其他意義

貓咪在自己玩

感覺溫暖，氣氛佳的環境最能讓貓咪安心，這時候牠會露肚仰躺，然後因為很陶醉這樣的環境，還會做出扭身的動作，一直在玩翻身遊戲。如果有好朋友，兩隻貓咪會一起玩扭身遊戲。只有一隻貓咪的話，會自得其樂地玩。這時候貓咪會閉著眼睛，看起來好像陷入恍惚狀態。野貓會在陽光下自己玩扭身遊戲。

發情

　　貓咪一年裡會發情數次。沒有接受結紮手術的母貓在地板上扭轉身體時，很可能就是在發情。這時候母貓正在散發費洛蒙，要引誘公貓。就算母貓待在室內，牠所散發的費洛蒙也會透過窗戶縫隙，隨風飄到五百公尺以外的地方。

發情期的母貓行為

發情的母貓會不斷在地板上翻身，還會發出仿若撒嬌的叫聲。有時會出現胸部貼地，屁股上抬的動作。這是接受公貓的姿勢。

母貓若與公貓交尾，懷孕的機率很高。一旦懷孕，發情期就會結束。貓咪平均一胎可以生出四隻小貓。

沒有懷孕的話，發情期會暫時結束，但是過沒幾天會再次發情。這樣的情況大概會持續一個半月的時間。

對木天蓼有反應

　　讓貓咪舔木天蓼或聞到味道時，牠會在地板扭轉身體。進一步會流口水、變得異常興奮等，看起來好像喝醉了。木天蓼所含的matatabi-lactone成分會刺激貓咪腦部中樞神經，造成輕微麻痺效果。奇異果、貓薄荷、牙膏也含有類似成分。

搔背

　　貓咪有時候會用背部摩擦地板，搔搔癢處。這時候如果你幫牠搔背，牠應該會露出舒服的表情。可以順便幫牠刷毛，但是有件事要注意，貓咪背部會癢可能是有跳蚤等寄生蟲的關係。為了安全起見，請撥開牠身上的毛檢查有無寄生蟲。

對木天蓼產生反應，陷入喝醉狀態的貓。

【摩擦】

貓咪用臉或身體摩擦人類的腳或家具的動作。
人類很喜歡貓咪的這個摩擦動作，感覺很舒服。

  基本的意義

摩擦身體等於是在留下味道

　　貓會摩擦身體，目的在留下其位於臉部或身體的臭腺（分泌腺）所分泌出的氣味物質。貓咪會在牠的勢力範圍內到處留下味道，告訴大家「這裡是我的地盤」，對人類也會做出相同的動作。摩擦動作就像是在宣示「主人也是我的！」並不是在聲明「我最愛主人了」。當然，對於不信任的人，貓咪絕對不會做出摩擦動作，所以貓咪會在你身上摩擦，表示牠信任你。

 其他意義

回家的時候會摩擦身體

　　當主人回家時，有的貓咪會做出激烈摩擦動作。因為主人從外面回來，身體沾了各種味道，貓咪想重新宣示主權，所以就拚命摩擦主人，這不是在對主人說「歡迎回家！」而是牠覺得「聞到奇怪的味道！我一定要重新留下我的味道。」

有的貓很喜歡檢查主人口腔裡的味道！

【 用頭頂磨蹭 】

用頭頂磨蹭物體的動作。磨蹭的對象各式各樣,如家具、牆壁、人類的腳等。貓咪彼此也會互相碰頭。

基本的意義　跟摩擦動作一樣,目的在留下味道

貓的身體有好幾個會分泌氣味的臭腺,額頭也是其中之一。臭腺也是貓咪身上容易發癢的部位,所以牠會以這個部位來摩擦家具或人類的腳。並非所有的貓都會有「用頭頂磨蹭」的習慣動作,為什麼有的貓咪會,有的貓咪不會這麼做,其原因目前尚不清楚。可能有些貓咪的額頭臭腺會特別癢,所以才會有這個動作。

用頭頂磨蹭!

頭頂磨蹭!

臭腺的分布部位

太陽穴腺
位於額頭兩側的臭腺。貓咪們在打招呼的時候,會彼此磨蹭額頭。

周口腺
位於上唇周邊的臭腺。想在特定物體留下記號時,會用此處磨蹭物體。

下顎腺
位於下巴的臭腺。這裡也是在特定物體留下記號時,會磨蹭的部位。

肉球
位於肉球之間的臭腺。貓咪趾甲抓過的物體或走過留下的足跡都會留下牠的味道。

額頭

側頭腺
位於耳朵後面的臭腺。貓咪常用後腳搔癢這個部位。

肛門腺
位於肛門兩側的臭腺。排便時或興奮時會分泌液體。

側腹
有的貓用身體摩擦主人時,會用側腹部輕輕磨蹭主人。因為這裡也有臭腺分布。

尾腺
尾巴也是臭腺的所在部位。有些貓咪的尾巴根部會有分泌物而顯得黏答答。

【嗅聞】

這是用鼻子嗅聞物體的動作。
貓的鼻頭是濕潤的，
經常能聞到各種氣味。

 基本的意義　貓的嗅覺比視覺敏銳，
且透過嗅覺認識各種東西

　　貓的嗅覺敏銳度是人類的二十倍以上。所以貓咪不是靠視覺識物，而是透過氣味來認識東西。當貓咪到陌生場所或遇見初次見面的人，牠會拚命用鼻子聞，然後記住「嗯，這小子就是這個味道。」即使主人是長得一模一樣的雙胞胎，貓咪也能分辨出兩者微妙的氣味差異。相對地，就算是同一個人或相同場所，只要氣味改變，貓咪就無法辨別出是屬於同一個人事物，便會有所警戒。如果家裡養了多隻貓咪，帶其中一隻去動物醫院看病，回家時這隻貓咪會受到其他貓咪的威嚇，這是因為這隻貓咪身上沾染了動物醫院的氣味。

貓咪的嗅覺能力比狗差，但是遠比人類敏銳，牠能夠嗅聞出三至四天前其他貓咪所留下的宣示勢力範圍的氣味。

聞不出來……

聞聞聞

聞聞聞

原來是這麼一回事！　　原來如此

貓咪之間 打招呼 就是 互聞對方 的氣味!

相遇

彼此感情好的時候 ♪

一方或彼此都懷有敵意的時候

臉貼近鼻子互碰

彼此臉貼近,用鼻子碰鼻子,互聞對方的氣味。表示對對方友好,也充滿好奇心。

↓

聞對方貓咪的臀部氣味

接下來會聞對方的臀部氣味。不過,自己並不太想讓對方聞臀部,為了避免讓對方聞臀部,兩隻貓咪會一直轉身。

↓

處於弱勢的貓最後投降
只好讓對方聞自己臀部

最後處於弱勢的貓會舉白旗投降,讓對方聞自己臀部。這樣,初次見面時的打招呼儀式結束。

威嚇

露出獠牙,發出「哈」的聲音威嚇對方,讓對方無法靠近。如果彼此互不相讓,就會開始打架。

鼻子湊近指尖嗅聞?

當你對著貓咪伸手指時,牠會湊過來聞,這是貓咪彼此之間鼻子碰鼻子的打招呼動作。因為牠覺得你的手指很像突出的貓鼻子,所以想把自己的鼻子湊過來聞。

【舔】

以舌頭舔物的行為，貓用舌頭舔身體，梳理身上的毛，
還用舌頭舔取食物。這是貓咪的一種本能行為。

 基本的意義

藉由舔自己身體
來安定情緒

對貓而言，梳理身上的毛除了保持身體美觀，還有安定情緒的效果，這是非常重要的行為。母貓舔小貓身體的話，小貓會成為個性沉穩的貓，貓彼此互舔是相親相愛的證明，也是重要的溝通行為。當人類撫摸貓的身體，對貓而言就像是「有個大舌頭在舔自己的身體」，因為貓不會互相「用手撫摸」，這個說法或許正確。

貓咪粗糙的舌頭利於梳毛和舔取食物

大家都知道，貓的舌頭粗糙，一點都不光滑。雖然人類的舌頭也有名為「乳頭」的微小突出部位，但是貓舌的乳頭每個都很硬。這些硬乳頭就扮演梳子的功能，當貓咪在舔身體時，就可以順便梳毛，舔取落下的毛或污垢。此外，在野生時期，貓會捕捉老鼠等小動物為食，粗糙的舌頭讓牠更方便把骨頭從獵物的身上去除。另外，貓只要用力，舌頭的乳頭就會立起，放鬆時則會倒下變平。貓可以自己控制力道。

其他意義

貓會舔人們撫摸過的地方

人撫摸貓後，貓會舔被撫摸過的部位。貓的這個行為並不是「討厭，不要再摸我！」的意思。牠是在梳理身上的毛，讓身體維持在最佳狀態。或許貓本來就是非常重視儀容，對自己的外表一絲不苟的動物。

咬了人，再舔人

貓天生具備獵人特質。在跟愛貓玩的時候，牠會因為太興奮而咬主人！然後馬上鬆口，再舔剛剛牠咬主人的部位。看到愛貓這樣的行為，你會以為牠「在反省…」！但其實愛貓現在已經進入狩獵狀態，不會輕易扭轉情緒。牠會舔你是因為「我想嚐嚐獵物的滋味如何」。如果你一直讓牠舔，或許等一下牠會再咬你！平常不要把自己的手當成玩具陪貓玩，而是讓貓習慣跟逗貓棒玩。

失敗的時候就會舔身體

比方說，貓想朝某個地方跳過去，結果卻失敗滾了下來。貓好像為了不讓主人發現自己的糗事，而開始拚命地舔身上的毛。這番場景你見過嗎？貓的這個行為讓人以為「牠是在掩飾自己的失敗」，但是貓並不會在意人們的眼光。如左頁所言，舔身上的毛有安定情緒的效果。貓因失敗而內心恐慌，為了「讓自己冷靜」，開始舔身上的毛，通常不會舔太久。

幫人舔眼淚

你是在安慰我嗎？

當人哭的時候，貓好像要安慰人，會走過來舔一舔滴垂於臉頰上的眼淚。然而很遺憾地，貓並不懂人類複雜的心情。牠發現主人跟平常不一樣，心想「主人怎麼啦？」為了確認而來到主人身邊，看到臉頰上有水滴下來。牠想嚐一嚐水的味道，所以就舔了主人的眼淚。

【扒】

使用前腳扒砂的動作。貓咪排泄後，
本能地就會使用前腳扒砂。

🐱 **基本的意義**　為了消弭自己的氣味
想用砂子掩埋

　　當貓咪在自己的地盤排便或排尿時，敵人會透過排
便或排尿的氣味知道自己的所在地，這可是相當不利的
狀況，所以貓咪本能地會在排泄後，使用前腳扒砂蓋住
自己的排泄物。不過，現代貓咪警戒心沒有如此強烈，
早已經喪失這項本能。如果家中飼養多隻貓的話，立場
較弱的貓咪會用砂子掩蓋排泄物，強勢的貓咪則無所畏
懼，完全不會想要掩蓋自己的排泄物。

被發現了─

扒砂
扒砂

※關於貓的地盤與排泄物的關
係，請參考P.122～的解說。

其他意義

如廁後,一直用前腳扒沒有砂子的地方

嚴格說來,「扒砂」並非本能,這個動作是「做出扒砂子動作」的一種本能。貓咪從野生時期到現代的這段漫長時間裡,本能的「掩埋排泄物」行為似乎消失不見了,雖然做出扒砂的動作,其實大多時候都不是在扒砂。貓咪會扒貓砂盆的側壁或外面的地板。看在人類眼裡,覺得這些行為毫無意義可言,但是貓咪卻很認真地扒著,確實好笑。

扒著貓食周邊的地方

貓有時候不吃貓食,卻用腳扒著四周的地方。此時貓咪並不是覺得「討厭這個食物!」而是「我現在不想吃,想把食物埋在土裡。」其實牠也沒有掩埋食物,只要能做掩埋的動作,牠就感到很滿足。

扒著陌生物體的四周

貓咪對於陌生物體,也會做出扒砂的動作。尤其是咖啡或茶之類氣味強烈的東西。嗅覺靈敏的貓會覺得這種東西「怎麼這麼臭,趕快埋起來。」總之,對於不需要的東西或是臭的東西,貓就會做出扒砂的動作。

可能很在意留下的氣味,所以這隻貓咪一直在餐桌上扒來扒去。

這隻貓聞到餐桌上茶的味道,做出扒砂的動作。

【 凝視 】

凝視某物的姿態。
深感興趣時，貓的瞳孔會張得很大。
透過其瞳孔動作，多少能解讀其情緒。

 基本的意義

一直盯著在意的物體瞧並且仔細觀察

　　貓咪感到興奮好奇的時候，會觀察對方；當牠抱持懷疑心態，心想「這是哪個傢伙」時，也會盯著對方看，此時牠是抱持警戒的狀態。總之，只要有在意的東西出現，牠就會一直凝視著。感到興奮時，貓咪瞳孔會放大，聽覺和觸覺的開關也會完全啟動，耳朵和鬍鬚會往前伸展。不感興趣時，表情會放鬆，還會從鼻子吐氣。

 其他意義

想與主人四目相視

　　貓只會與親近的對象四目交接。根據貓族規矩，若與陌生對象四目相視，就表示要打架了，所以不會與陌生人四目相視。貓咪會一直盯著主人看，乃是親密關係的表徵。這時候貓咪瞳孔會反覆地輕微放大再縮小。當貓咪凝視著你時，也有「請給我飯吃♥」的意思。

一直凝視窗外

　　當貓咪凝視窗外時，主人會以為「牠是不是想出門啊？」然而，對於從未出過門的貓而言，窗外是屬於地盤以外的世界。牠根本不想去不是自己地盤的地方。貓咪凝視窗外只是在觀察窗外的事物，譬如看著路過的人或在空中飛翔的鳥，純粹只是在打發時間。可是，貓咪一旦跑出去過，牠就會認為外面也是自己的地盤。牠會為了想檢查自己的地盤，時時在找尋逃跑的機會。

一直凝視沒有任何東西的地方

　　貓咪有時候會一直凝視某個方向。當你順著牠的視線望去，根本沒有任何東西……難道牠看到幽靈了？於是你開始恐怖幻想，其實根本不必擔心。這時候貓咪並不是在看東西，而是在「聽」。貓能聽到人類聽不到的高音（超音波）。因為牠聽到聲音了，所以一直朝那個方向傾聽，旁人才會以為牠是在凝視什麼東西。

凝視著電視或電腦

　　貓會一直盯著電視或電腦螢幕，因為螢幕裡會動的影像激起牠的興趣。尤其是會動的動物節目或運動節目，貓咪更感興趣，常會看得出神。有的貓咪還會想用前腳抓電視螢幕裡會動的動物或電腦游標。不過，就算牠多賣命地抓，還是抓不到。貓會覺得「很奇怪」，日後牠也會懵懵懂懂地知道，那些全是「假象」，因而不再感興趣了。

凝視～

【磨爪】

使用爪子抓磨的動作。其實不是在「抓磨物品」，
而是在剝除爪子表面的老舊角質層。
如果刮傷牆壁或家具，主人會很心痛呢！

 ## 基本的意義

除了保養腳爪外
還有做記號的意義

貓咪磨爪有三種意義。第一個原因當然是為了保持爪子的尖銳度。貓要爬樹或跟敵人打仗，一定要有尖銳的爪子。第二個意義是做記號。貓的腳底有臭腺，使用爪子抓磨有在地盤留下味道的意思。在野生時期，貓會用爪子抓磨樹幹，那時候貓會儘量伸長身子，在高處留下爪痕。其目的是為了讓比牠後到的貓產生「剛剛那傢伙體格比我高大，別惹牠」的錯覺。第三個意義是紓發情緒。當貓咪心情鬱悶時就會磨爪，紓發憂鬱。

 ## 其他意義

想引起主人注意時會
出現磨爪的動作

貓咪知道這麼做會引起注意，所以牠會故意在主人面前做出讓人困擾的行為，這就是牠想引起主人注意的證據。因為主人沒有抱牠，所以就做出磨爪的行為，像在對主人說：「你不抱我，我就抓東西。」貓咪有時候也是很倔強的。

[## 用咬的方式
保養後腳爪]

貓咪用前腳爪磨物，等於在保養牠的前爪。可是，我們從未看過貓咪使用後腳爪磨物。貓咪會如右圖，用牙齒將老舊角質層咬掉，保養後腳爪。

【 搔癢 】

使用後腳搔耳朵或下巴的動作。
因為貓的身體非常柔軟，這樣的姿勢難不倒牠。

 ## 基本的意義

舔不到的地方
就用腳梳理

 ## 其他意義

幫貓搔下巴
後腳會抖動

貓舌頭舔不到的頸部以上的地方，牠會使用前腳或後腳梳理。臉很脆弱，容易受傷，貓咪會使用前腳仔細清洗。至於下巴下方或耳朵癢的時候，使用後腳搔癢。可是，後腳無法搔癢到細微部位，如果主人幫忙搔下巴或耳朵，貓咪會露出相當舒適滿足的表情。貓咪之間互相梳理身上毛，其實是想請對方幫忙為抓不到的地方搔癢。

當你幫貓咪的下巴或耳朵搔癢時，牠後腳是不是會一直抖動？貓覺得「刺激耳朵或下巴很舒服」，而且牠會以為是「自己用後腳在搔癢」，因此就會有這樣的反射動作。

【咬】

這是嘴咬物的動作。
貓的獠牙（犬齒）相當尖銳，
如果用力咬，對方可是會受傷嚴重。

貓咪的
牙齒結構

門齒　　　　犬齒
犬齒　門齒　　臼齒

一共有三十顆牙齒。出生後四至
七個月大時，乳牙就會換為永久
齒。

 ## 基本的意義

對付獵物時的攻擊手段，算是一種本能行為

貓在狩獵時，會咬對方脖子。使用牠尖銳的獠牙緊咬致命處，讓對方一咬斃命。貓原本就具備狩獵習性，「想咬東西」是永遠都不會消失的本能。因此，對於有咬人習性的貓，根本無法讓牠改掉這個習慣，務必將貓咪咬的對象從人換成玩具，自己才不會受傷。不要用你的雙手、雙腳跟貓玩，而是拿玩具給貓玩，讓牠發洩想咬人的情緒。

此外，貓咪有時候會對親密對象撒嬌，輕咬對方；還有幫牠梳毛的時候，會突然咬你的皮膚，這些都不算是攻擊行為。

 ## 其他意義

公貓突然咬人

公貓與母貓交尾時，公貓會咬母貓的脖子。如果公貓突然咬了你，牠可能錯把你當成情人。這時候的力道不像要致獵物於死地那樣強大。此外，公貓咬你很可能只是要求你陪牠玩。母貓想跟你玩時，也會咬人。

【 拍 】

使用前腳拍物的動作。
也就是所謂的「貓拳」。
拍打速度很快,而且可以一次連拍好幾下。

 基本的意義

貓拳是貓打架時
的第一個攻擊手段

　　貓拳是貓咪與敵人打架時的攻擊動作之一。如果沒有跟敵人親密接觸,無法使出「咬」或「踢」等招術。不過,如果是些微距離,拍打的招術就能派上用場。因此,貓拳變成貓打架的第一個攻擊動作。小貓在出生後一至兩個月,在遊玩的時候就會開始出現拍打動作。當貓咪把玩具當成獵物咬或看到陌生物體,也會提高警戒開始觀察敵人,同時前腳會做出拍打動作。

為何有貓拳,沒有狗拳?

貓會拍打的動作、會用前腳開房間的門,牠會敏捷地使用前腳,可是,貓會的這些技能,狗都不會。因為狗幾乎沒有「鎖骨」。鎖骨不發達,前腳便無法左右擺動,也就無法靈活使用前腳。此外,狗也不會只用前腳捕捉獵物或碰觸物體。狗是直來直往型,在捕捉獵物時,牠會用嘴咬,調查陌生人事物時,是用鼻子聞。因此,有時候會被豪豬的刺扎到鼻子,下場很慘。貓是小心翼翼派,會用前腳試探陌生物體,觀察對方反應。

【踢】

後腳踢的動作。一般稱這個動作為「貓踢」。
貓咪身軀嬌小，實在無法想像牠也會做出這樣的動作。
這是威嚇力十足的攻擊手段。

基本的意義　貓族打架時最強烈的攻擊手段

　　貓的攻擊手段中，力道最強的就是貓踢。請想像貓咪躍起時的氣勢，其後腳力道當然不可言喻。當貓咪想壓制對方身體時，就會使出貓踢。此時將身體貼著地面，用前腳緊抱對方，同時踢對方身體。貓咪玩玩具時，也會因太興奮而想跟玩具打架，進而踢玩具。

過度興奮的話…

拚命用腳踢！

【搖晃尾巴】

搖晃尾巴的動作。
這是找到獵物，準備撲向獵物前的動作。
面對玩具或人類時，也會做出這個動作。

 ## 基本的意義

為了一擊就中
而在調整飛撲位置

　　貓在狩獵時為了不讓對方發現，會放低身體靠近，鎖定目標後就突然飛撲過去。在飛撲之前，為了調整方向以及瞄準時機，後腳會交互動作，看起來好像在搖晃尾巴。在野生時期，貓咪可以躲在草叢裡，慢慢靠近獵物，但是生活在家裡或街頭的現代貓，就算放低姿態，還是看得見其身影。雖然原本想隱藏的目的無法達成，但是「放低身體」已經成為貓的一種本能習性。

貓的狩獵方法

靠得很近，瞄準目標。準備飛撲時，尾巴會顫動。

面向獵物跳起來！此時後腳不會離開地面。

用前腳抓住獵物。但可惜這時候獵物逃走了。

【身體微顫】

貓在睡覺時，身體會像抽筋般微微顫抖。
許多主人以為貓生病了，急著帶牠看醫生。

 基本的意義　這是健康的睡眠狀態。
有的貓咪還會說夢話

　　人類睡覺時，是由REM睡眠（只有身體睡覺，大腦仍然清醒）與NREM睡眠（身體和大腦都處於熟睡狀態）反覆進行，在REM睡眠時會作夢，這時候就會說夢話或移動身體。貓咪也一樣，在REM睡眠階段，牠會微微顫動身體，有的貓還會說夢話。搞不好牠此時正夢見自己在追獵物呢。

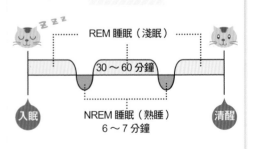

貓睡覺時，幾乎都是處於大腦清醒的REM睡眠。在野生時期，不曉得何時敵人會出現，必須提高警覺，如果長時間熟睡就危險了。

透過 動作 行為 辨識
貓咪是否生病．受傷

留意以下的動作或行為，不要忽視愛貓的異常狀況！

揉眼睛、瞇眼睛

當貓咪用前腳揉眼睛，或感覺像因為刺眼而瞇起眼睛時，這就是眼睛及周邊發癢或發痛的證據。如果一直讓貓咪揉眼睛，病情會更惡化。幫愛貓戴上伊莉莎白頸圈，或從脖子以下套上洗衣袋，不要讓牠去碰觸眼睛，趕快帶去醫院治療。

可能的疾病	結膜炎、角膜炎、眼瞼內翻、青光眼、過敏、貓感冒、異物進入等

直搖頭、頭歪一邊

通常是耳朵內部異常所致。當耳朵有異物進入或有寄生蟲，內部發炎或發癢時，貓會搖頭，或用腳搔耳朵。雖然比較罕見，但也有可能是因為腦部疾病，導致貓咪出現搖頭的動作。

可能的疾病	耳疥癬蟲、外耳炎、中耳炎、耳血腫、耳前庭炎、異物進入等

一直抓癢

當貓咪一直用後腳搔身體，或老是用牙齒咬自己的身體，這就是身體發癢的證據。這時候要懷疑愛貓有跳蚤或壁蝨寄生或過敏性皮膚炎，首先要懷疑是皮膚疾病所致。搔癢過度的話，會抓傷皮膚而惡化，務必早日治療。

可能的疾病	跳蚤過敏性皮膚炎、疥癬、耳疥癬（耳壁蝨）、異位性皮膚炎等。

只舔身體的某個部位

如果愛貓老是舔身體的某個部位，這是生病、受傷或承受壓力的象徵。首先確認一下牠舔的部位是否有發炎或受傷。若是肉眼看不到的內臟器官生病，貓也會一直舔發痛的部位。如果愛貓舔身過度而掉毛，表示病情嚴重。

可能的疾病	皮膚病、膀胱炎、尿道結石、肛門腺炎、腸炎、胰臟炎、壓力等。

嘔吐

嘔吐是多數疾病會有的症狀。如果腸胃生病，當然會嘔吐，腎衰竭等腸胃以外的疾病也會有嘔吐症狀。如果只吐一次，吐了以後打嗝的話，先觀察一下狀況。可是，如果一天吐好幾次，還伴有發燒、腹瀉等其他症狀，愛貓很可能是生病了。快帶牠去動物醫院，找出病因。

可能的疾病	腸胃炎、腸阻塞、腹膜炎、腎衰竭、肝病、糖尿病、癌症等。

想吐卻吐不出來

愛貓一直出現「嘔、嘔」想吐的動作，卻什麼也吐不出來，只吐出色胃液的話，可能是吞食異物。馬上帶牠去醫院吧！有時候可能要進行開腹手術。此外，嘔吐也算是疾病症狀，就算沒有吐東西出來，愛貓也會因生病而有這個動作。

可能的疾病	吞食異物、毛球症、腸阻塞、腎衰竭、肝病、癌症、食道炎等。

頻繁如廁、如廁用力

貓本來就容易罹患泌尿系統疾病，如果出現以下舉動，一定要多加注意。首先要連想的疾病是尿道結石。尿道內的礦物質成分結晶，變成結石，然後阻塞尿道，導致無法排尿。因為尿不出來，所以頻繁如廁，並用力想排尿。貓如果一整天沒有排尿，恐危及性命，要馬上去醫院。剛結紮的公貓特別容易尿道結石。

可能的疾病	尿道結石、膀胱炎、便秘、巨結腸症、腹瀉、前列腺肥大等。

這些症狀也要小心！

●尿液呈紅色

這是尿道結石或膀胱炎導致尿道受傷、出血的現象。要馬上去醫院看診、治療。

●尿液裡混有會發亮的物體

發亮的物體就是尿道的結石。此為尿道結石的證據。必須採取飲食療法。

在貓砂盆以外的地方尿尿

當貓排尿時有痛感，牠會在貓砂盆以外的場所排尿。很可能已經是尿  道結石或膀胱炎。這種情況會伴隨血尿，摸肚子會痛。帶牠去動物醫院看病。

可能的疾病	尿道結石、膀胱炎、壓力等。

用嘴巴呼吸

當貓用嘴呼吸或呼吸變淺、變快，出現咻咻的聲音，這就是危險信號。因為躺著會壓迫胸部而難受，所以貓要站著挺起胸膛呼吸。有可能會惡化為肺炎或胸部積水、蓄膿。通常都會有發燒現象，待在高溫場所病症會惡化，讓愛貓待在涼爽安靜的地方，並趕快聯絡動物醫院。

可能的疾病	肺炎、氣胸、膿胸、心臟疾病、貓感冒、中暑、中毒等。

打噴嚏

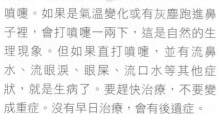

當鼻黏膜受到刺激，貓會打噴嚏。如果是氣溫變化或有灰塵跑進鼻子裡，會打噴嚏一兩下，這是自然的生理現象。但如果直打噴嚏，並有流鼻水、流眼淚、眼屎、流口水等其他症狀，就是生病了。要趕快治療，不要變成重症。沒有早日治療，會有後遺症。

可能的疾病	貓感冒、鼻炎、副鼻腔炎等。

咳嗽

貓平常不太會咳嗽。如果頻繁咳嗽，無庸置疑就是生病了。貓咪咳嗽有好幾種類型，如果是夾有痰音的濕咳，就是氣管發炎，內有積痰。如果是純咳聲的乾咳，表示肺部狀況異常。如果病情拖延，會因為過度咳嗽導致胸腔穿孔，演變成氣胸或膿胸，務必早日治療。

可能的疾病	貓感冒、支氣管炎、支氣管性氣喘、肺炎、心臟疾病、心絲蟲症等。

食慾異常

很多人都認為食量大是健康的象徵，但也有可能是疾病導致食量變大，不能掉以輕心。尤其是高齡貓咪，食量變大卻變瘦的話，很可能是罹患了甲狀腺機能亢進的疾病。快帶愛貓接受血液檢查。此外，也可能是腸胃有寄生蟲，搶走貓吸收的養分，導致變瘦。經常檢查愛貓的食量和體重，可以早期發現。

可能的疾病	甲狀腺機能亢進、糖尿病、寄生蟲等。

大量喝水

為了維持愛貓健康，必須清楚掌握其飲水量。當牠喝的水比平常多時，有可能是生病了。最先想到的疾病是慢性腎衰竭。腎功能一旦衰退，必要的水分也會作為尿液排出，因此只好拚命喝水。這就是所謂多喝多尿的症狀，也是慢性腎衰竭的首期症狀。除了檢查飲水量，也要配合飲水量檢查愛貓的排尿量。

可能的疾病	腎衰竭、糖尿病、子宮蓄膿症、甲狀腺機能亢進等。

一直待在黑暗場所

動物身體不適時，牠會自己待在安靜的地方，等待病情恢復。如果愛貓一直待在平常牠不會去

的黑暗場所，很可能生病或受傷了。為了安心，快帶牠去動物醫院看病。

對喜歡的食物毫無反應時也要小心

如果愛貓對平常超級喜歡的食物或玩具毫無反應，就是身體不適的徵兆。為了不讓愛貓病情惡化為不可逆，趕快帶去醫院吧！

貓是會隱瞞自己生病或受傷的動物

在野生時期，如果顯露自己弱勢的一面，就容易成為敵人瞄準的對象，自己就有危險。因此，動物都有隱瞞自己虛弱一面的本能。等到主人發現愛貓狀況不對，很有可能情況惡化，已經來不及處理了。為了避免這樣的憾事發生，平常就要仔細觀察愛貓的舉動，不要忽視牠任何的異常行為。

各種情境下的
奇怪行為
Q & A

到目前為止，已經介紹許多關於貓語的基本常識。可是，愛貓還是有許多行為讓人摸不透。在此依各種情境，一一為您解答！

飲食篇

Question Q 從不正眼瞧廉價
的肉或生魚片，
只吃高價食物

Answer A 肉或魚是貓咪的重要營養來源，
關於品質好壞相當敏感

碳水化合物是人類最重要的營養素，然而對貓而言，最重要的營養成分是蛋白質。蛋白質由胺基酸所構成，貓可以憑著敏銳嗅覺分辨胺基酸的好壞。換言之，貓可以分辨最重要營養來源的肉或魚的好壞（美味與否）。因此，牠當然喜歡高價食物。在野生時期，貓會因為吃了腐臭的肉而喪命，所以嗅覺才會如此發達。

這個看起來好
美味
嗯
100g 3000日圓！ 100g 500日圓

貓咪只要聞一聞食物的味道，就甩頭不吃，這是因為牠有敏銳的嗅覺，聞得出食物的美味。牠會想吃美味的肉或魚，並不是因為天性奢侈的緣故，而是牠能分辨出品質優良的食物。

Question Q 吃東西時
為何從左邊先吃？

Answer A 可能是小貓時期
養成的習慣

今天也是先
吃左邊？

小時候養成的習慣會一直持續到長大。即使是看在人類眼裡覺得毫無意義的習慣，貓咪只要記住了，就會堅持這個習慣。譬如牠可能小時候是跟其他手足共食一個盤子裡的食物，剛好牠站的位置是在左邊，所以才習慣先吃左邊的食物。你會覺得這樣的行為很不可思議，但是只要貓咪記住「吃東西從左邊開始」，就會一直維持這樣的習慣。

為什麼聽到「吃飯了」就會舔舌頭？

Question Q

Answer A

因為想起美味的飯

在這個情況下，貓咪知道「吃飯」是指平日的飯。因為牠記得每次你說「吃飯了～」，就會餵牠。以後只要聽到這句話，就會想像吃東西時的事情。人類聽到「酸梅」二字，就會很自然地分泌口水，貓咪也是一樣的情形。貓吃完飯會舔嘴巴周邊清潔，所以只要想像吃飯的樣子，就會出現這個行為。

將老鼠玩具放進碗裡當食物吃

Question Q

Answer A

這時候牠正想狩獵食物！

啾一

這是我的獵物!!
卡哩卡哩
猛吃猛吃

這時候，貓咪可能想抓老鼠當飯吃吧？雖然事實上牠吃的是貓食，但是對牠而言，「氣氛」很重要。有的貓會先拚命咬老鼠的玩具後，再吃牠的貓食。

必須親自狩獵的野貓，會屏息悄悄靠近獵物，然後予以捕獲，在抓到獵物的興奮感尚未冷卻前，就把獵物吃了，會讓牠很有成就感。可是，現代貓是由主人餵食，或許無法在這方面獲得滿足感，當牠不想跟玩具玩的時候，心情可能就變成「吃了它吧」。這時候如果能在飯前拿逗貓棒跟牠玩耍，牠就能夠以超嗨的心情進食。

Q _{Question} 當主人坐在餐桌前，貓也會走過來一起坐著

以「理所當然」的表情坐在餐椅上的貓咪。看起來好像在等人家拿飯給牠。多數貓咪都會跳到餐桌上，這隻貓咪或許很懂餐桌禮儀，才會乖乖坐在椅子上吧？

A _{Answer} 牠可能想吃東西吧？還是自己也想一起用餐？

多數貓咪看到桌上擺滿食物，都會想找機會偷吃。尤其是只要曾經讓貓咪上桌吃過東西，牠就會牢牢記住這個美好經驗，而且會非常期待「下一次」。因為牠知道偷吃會惹主人生氣，所以只好忍耐，坐在旁邊望著食物。

也有貓咪只對貓食有興趣，不會想吃人類的食物。但是因為吃飯的時候無法抱著貓咪，所以有的主人可能會幫愛貓留一個位置，讓牠看大家吃飯。此外，小貓看到其他手足在忙著某事時，也會很想參與。貓咪會走過來一起坐著，也許只是想參與而已。

貓也有右撇子或左撇子之分？

貓不像人類會使用筷子或筆等工具，所以根本沒有所謂的「左撇子」或「右撇子」。不過，牠們卻有習慣用哪隻腳的習性。有個說法認為，要從容器取物時，母貓多使用右腳，公貓則多使用左腳。馬在奔跑時，每隻馬先跨出的腳也不一樣。下次當你拿玩具給愛貓或牠使出貓拳時，不妨仔細觀察牠會伸出哪一邊的前腳。

這隻貓咪習慣伸出左前腳取食物。而且還是一隻公貓。因為牠是公貓，才會是左撇子吧！？

Question Q 老是喜歡喝奇怪地方的水

Answer A 貓喜歡流動的水，也喜歡積水

雖然幫愛貓準備了水，但牠卻老是故意去喝其他的水……真讓人想不通。貓咪會這麼做，有幾個理由可解釋。貓咪會想喝水龍頭流出來的水，是因為牠被閃閃發亮、會動的流水所吸引，讓牠發現可以玩水，還能喝水。好像也有許多貓咪會喝自動給水器的水，理由相同。想喝花瓶水的貓，等時間一久，或許會覺得無黏稠感的水比較好喝。像這樣的貓，如果給牠喝涼掉的熱水，應該會喝很多。

馬桶

洗臉盆

水龍頭

喝馬桶上方洗手水的貓咪、喝洗臉盆積水的貓咪，以及喝水龍頭流水的貓咪。貓咪對喝水的喜好都不相同。

Question Q 使用前腳舀水來喝

正在喝頭無法伸進去的容器裡的水，能想到這種喝水方法，真是一隻聰明的貓。

Answer A 並不是想喝水而是想玩水吧

貓對於感興趣的東西會用前腳碰觸。或許你會認為貓舀水喝是個不可思議的舉動，但對牠而言卻是個饒富趣味的遊戲。因為前腳弄濕，所以要舔乾。其實貓並不是為了喝水而舀水，應該是想玩水才對。

如廁篇

 Answer 貓咪想搶先宣示自己的地盤，所以要留下自己的氣味！

貓砂盆是貓咪最私密的空間。如果這個私密空間被侵犯了，地盤意識強烈的貓咪會覺得自己的地盤被毀了，因此牠會馬上撒尿，搶先一步宣示「這裡是我的地盤」。也有可能是因為尿急，並沒有故意惡作劇的意思。不過，別因為怕侵犯牠的隱私而不幫牠打掃。如果貓砂盆太髒，貓咪會找其他地方排泄，善後工作更麻煩，要多留意。

Question Q 每次打掃完廁所，牠就會馬上尿尿

雖然特地打掃乾淨，愛貓卻馬上跑過來撒尿，真的會讓人生氣，實在很想責罵牠。

Question Q 沒有如廁，卻很開心地扒著貓砂盆的砂子，這是在玩嗎？

 Answer 貓咪覺得可以自己撥動砂子感覺很有趣～

對貓咪來說，只要用前腳撥弄，形狀就會有所改變，又會自由流動的砂子很神奇，也激起牠相當大的興趣。砂子的颯颯聲也激發貓咪的好奇心。家裡如果只養一隻貓或是覺得任何事情都很新鮮的小貓，會像這樣玩弄貓砂。喜歡玩水的貓咪也是一樣的原因，對於一碰就會動，還會變形的水會激發牠的好奇心。

Question Q 為何上廁所前後都會大吵大鬧？

Answer A 在野生時期，排泄是一種隱藏著危機的行為

好像多數貓咪在如廁前後都會在家裡奔跑，四處觀望、大吵大鬧。這是野生時代遺留下來的習性。在野生時代，貓會把離睡覺處稍遠的地方視為排泄場所。因此，在牠從睡覺的地方前往排泄場所的途中，很有可能會遭遇敵人侵襲。而且，貓咪在排泄的期間，更是最容易遭遇危險的時刻，當然回程也有危險。因此，當貓咪想排泄時，可是需要極大的勇氣。牠要告訴自己：「準備好了！出門吧！」藉此鼓勵自己。家貓是在家裡如廁，當然很安

全，但是因為這項天生本能，導致牠如廁前後會變得慌張。

Question Q 貓砂盆髒的話，貓會生氣地發出「吼聲」

Answer A 髒的話表示有人用過這個貓砂盆！

貓咪並不是對著疏於打掃的主人生氣。貓本身並不知道貓砂盆是要靠主人打掃，才能維持清潔，牠無法聯想到這個程度。牠會生氣是因為聞到其他貓咪的氣味，有所警戒的緣故。如果留下其他貓的排泄物，牠當然會有所警戒，但就算是自己的排泄物，也會因時間的經過而導致氣味變質，讓牠誤以為是其他貓咪的排泄物，覺得自己的地盤有外人入侵，所以生氣了。

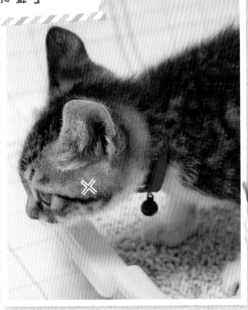

預備知識 臉部表情 姿態 尾巴 睡姿 姿勢 叫聲 動作 Q&A 各種情境

為什麼會在貓砂盆以外的地方尿尿？

Answer
A 可能是貓砂盆有問題！也可能是貓生病了？

　　貓會在別的地方撒尿的原因很多。其中一個原因就是貓砂盆可能堆滿排泄物或讓貓咪覺得使用不便，或是貓砂觸感不佳，導致貓咪不想在貓砂盆排泄。第二個原因可能是貓生病了。因為生病導致牠無法控制自己的排泄狀況。第三個原因是心理問題。貓咪如廁時發出大聲響或有陌生人在家裡，都會讓牠有壓力而無法如廁。

　　總之，必須找出原因，加以處理。如果認為是生病了，就要趕快帶到動物醫院接受檢查。

貓砂盆不乾淨引起的悲劇…

貓咪不會勉強自己使用髒的貓砂盆。所以會在貓砂盆以外的地方排泄，或者憋著不排泄，最後就生病了。

與小便失禁有關的可能疾病請參考P.111。

Question

Q 為何如廁時會睡著?

睡得好甜
喵～♪

很安心
喵～♪

Answer

A 貓咪待在散發出自己氣味的場所會感到安心

對貓咪而言,貓砂盆是自我氣味最強烈的場所。因此,如果是剛到新家庭的小貓或對環境不熟悉的貓咪,處在自我氣味強烈的場所才能感到安心,就像是有了自己的地盤。還有當換新貓砂時,有的貓咪會一直在新貓砂裡打滾,目的就是要留下自己的氣味。貓在野生時代也有砂浴的習慣,可能也是為了留下自己的氣味才這麼做吧。

Question

Q 尿尿時會將腳跨在貓砂盆上面

Answer

A 是有所警戒?還是不想碰到貓砂,或者這個姿勢比較好施力?

如廁時將前腳跨在貓砂盆上面,身體會變高大,視線又可以看得遠。總而言之,貓咪是非常謹慎的動物,即使如廁時也要提高警覺,不能有絲毫懈怠。此外,也有可能是因為討厭貓砂的觸感,不想腳碰到砂子。從貓咪跨在貓砂盆上面的腳數目,就能知道其討厭程度是多少。有的貓咪很可愛,尿尿和大便的姿勢完全不一樣。據說有貓咪尿尿時會將腳踩進砂子裡,但是大便時會將前腳跨在貓砂盆上面。也許把前腳跨在貓砂盆上面比較好施力吧!

跨單隻前腳派

跨兩隻前腳派

跨三隻腳派

跨四隻腳派

121

Q Question
貓咪有隱藏排泄物的習慣，
可是，我家的貓從不用貓砂蓋住牠的排泄物

A Answer
有的貓咪會故意
不隱藏排泄物！

　　右圖是野生貓的地盤架構圖。貓待在自己的居住領地時，為了不讓別人發現自己的蹤影，排泄後會用砂子或土掩埋排泄物。貓的居住領地是極為隱密的區域，也不想被別人發現。不過，如果在狩獵領地排泄，反而會故意不將排泄物掩埋起來，要藉此向其他貓族宣示這裡是自己的地盤。狩獵領地是數隻貓的共有區，所以一定要宣示「眾貓當中我最強」。

　　因此，貓咪不見得會掩埋自己的排泄物。如果是家貓，會視

一邊檢查其他的貓留下的氣味，同時也留下自己的氣味。

排泄的場所來決定是否要隱藏排泄物。總而言之，如果排泄地是居住領地，就會隱藏排泄物；如果是狩獵領地，為了宣示地盤，不會隱藏自己的排泄物。

野貓的

在狩獵領地就不會掩藏排泄物。為了向其他的貓宣示自己的主權，要留下自己的氣味

嗅聞其他貓咪留下的氣味，蒐集情報

三隻貓的共有區域

Ⓑ 貓的狩獵領地

即使狩獵領地重複，彼此之間也不會起衝突

據說野貓每隔三至四天就會巡邏同一個地點。

領頭貓不會掩埋排泄物

貓咪不掩埋排泄物還有這樣的說法：「認為自己的老大的貓不會掩埋排泄物」領頭貓擔心有其他貓存在，所以沒有掩埋的必要，就任由排泄物顯露。如果是家貓，通常是主人扮演領頭貓的角色，所以如廁後會用砂子掩埋。也就是說，如廁後不用貓砂埋起來的家貓認為自己的老大，地位在主人之上！貓咪會透過這樣的行為來表達內心隱藏的情緒，實在太神奇。不過，也有可能只是因為太懶惰，而沒有掩埋排泄物。家中養多隻貓話，會有不掩埋排泄物和會掩埋兩種情況，這就是在顯示貓咪之間地位高低的關係。處於弱勢的貓會掩埋排泄物，強勢的貓就不會掩埋。有時候還會看到其他的貓幫忙用貓砂掩埋前面那隻貓留下的排泄物。這時候貓咪心裡有可能是這麼想的：「那小子真是霸道啊！」

地盤架構

Ⓐ貓的狩獵領地

不准其他的貓進入自己的居住領地

ファー！

磨爪也是留下記號的手段之一

Ⓐ貓的居住領地

為了不讓別人知道自己在居住領地的所在區域，會隱藏排泄物

Ⓒ貓的狩獵領地

排泄物有單純排泄與留下記號的雙重意義。大便和尿液相較的話，尿液的記號意識較強烈，尤其是噴尿（右上照片），這是非常強烈想留下記號的行為。噴灑的尿液會比平常的排泄更臭，如果是野貓，噴灑的尿液會留在葉叢背面，臭味會持續很長的時間。

為了留下記號，朝著後面噴灑尿液的「噴尿」時刻。

貓咪會視當下心情來決定是否掩埋排泄物

Question Q 每次我打掃貓砂盆時，牠一定走過來扒砂子，干擾我工作

Answer A 牠並不是想干擾你！只是想玩而已

小貓看到母貓或其他手足開始做某件事時，牠也會想參與其中。當母貓走去哪裡，牠一定會跟隨；如果其他手足爬樹，牠也想爬樹。小貓會透過這樣的模仿行為，學習成長。當你打掃貓砂盆，牠也走過來扒砂，是因為牠把主人當成母貓或兄弟看待，而想模仿主人的行為吧！主人用鏟子鏟貓砂，牠就用自己的前腳扒砂。有的貓會在打掃中的貓砂盆撒尿，這是因為牠看見主人「正在使用」貓砂盆，而引發牠想小便的意願。

Question Q 每次主人開飯前，貓咪一定會大便

Answer A 因為牠記得以前自己這麼做時，主人就會來抱牠

對愛撒嬌、很想被抱的貓咪來說，主人的吃飯時間是牠最無聊的時候。當愛貓偶爾在用餐時間如廁，你曾經大聲嚷嚷說：「好臭！」、「不要現在上廁所！」而把牠抱走，可能因為這樣讓牠記住「只要我這個時候上廁所，主人就會過來抱我！」也可能是你的愛貓生活規律，都在固定時間用餐和排泄，湊巧牠如廁的時間跟你們的用餐時間重疊吧？

場所篇

躲在洗衣機裡的兩隻貓咪！如果你家的貓很喜歡躲在洗衣機裡，洗衣機裡會堆滿貓毛，這時候整理起來很辛苦。洗衣服前一定要先把毛擦乾淨，才不會讓衣服沾到貓毛。

洗好衣服後，因為氣味跟平日不同，所以會引發貓咪的好奇心，躲進洗衣機裡。

A Answer 牠喜歡狹窄且微暗的場所

相信許多飼主都有過這樣的經驗，當你想洗衣服，打開蓋子一看，愛貓竟躲在裡面。在野生時代，貓會將樹洞或岩洞等剛好可以塞進自己身體的空間當成窩，即使到了現代，這樣的空間也最讓牠們安心。躲在微暗的場所，會讓牠們想起樹洞或岩洞。

此外，當洗衣機運轉時，本來很安靜的物體突然發出聲音，而且還會搖動，貓咪會覺得「不可思議」。有的貓咪甚至會前腳敲敲洗衣機。另一個吸引貓咪的原因是，如果沒有打開蓋子牠就進不去。因為平常無法鑽進去，當蓋子打開時，牠當然忍不住想進去瞧瞧囉。

Question Q 貓咪老坐在家電用品上面？

Answer A 溫暖、位置又高……是貓咪喜歡的原因

貓咪很喜歡坐在電視機或電腦等家電用品上。貓咪喜歡家電的理由之一是，使用中的家電會發熱，很溫暖。第二個理由是暖爐等家電的位置比周邊還高，貓特別喜歡高的地方。牠可以從高處眺望四周，萬一發生事情，馬上就能察覺到，在高處讓牠很安心。當主人打電腦時，貓會坐在上面，應該是為了引起主人注意。

電暖爐

尤其是冬天時候，特別喜歡溫暖的家電用品。電暖爐上面的空間剛好乘載貓咪的身體，是理想的睡覺場所。

電腦

在電腦上面休息的貓。好像在說「抱抱我」。

電子鍋

電子鍋上面也很溫暖。而且剛好是貓咪可以坐在上面的空間大小。重點是這裡也是觀望廚房的好地點。

微波爐

悠閒坐在微波爐裡面的貓咪！理由跟P.125的洗衣機一樣，微暗的狹窄場所是讓貓最感安心的地方。

Q 為何貓喜歡鑽進塑膠袋裡？

A 想體驗自然界所沒有的觸感和音感

貓咪喜歡躲在箱子裡，但更喜歡鑽進塑膠袋裡。紙袋、塑膠袋、包包等可以鑽進去的物品，牠都想鑽進去瞧瞧。尤其是塑膠袋，不僅能鑽進裡面，還可以跟塑膠袋玩遊戲。塑膠袋發出的颯颯聲屬於高周波音，這是貓咪喜歡的聲音。可能跟枯葉發出的喀颯喀颯聲很像，所以才喜歡鑽進塑膠袋裡。此外，也有貓咪很喜歡咬塑膠袋，或用嘴去舔塑膠袋。不過，貓咪咬塑膠袋時要多留意一下，萬一咬破把塑膠袋碎片吞進去，阻塞腸胃就慘了。

Q 為何貓咪喜歡窩在角落邊？

窩在地毯角落的小貓咪。忍不住讓人想問牠：「為什麼要待在這種地方？」

A 角落邊是最有利的環境？

貓咪窩在角落，並不是因為有所顧忌，而是待在角落，方便牠們有事時隨時採取行動。當牠們坐在地毯上面久了，覺得悶熱時，貓咪就會移到地毯角落有地板等的涼爽地方。站在高台角落，可以清楚俯看下面，萬一有什麼事，也可以馬上跳下去。貓咪喜歡躲在房間角落，因為這樣最能讓牠們安心。人待在寬敞的房間裡，也是覺得角落處最讓人安心。因為從角落可以縱觀全場。

預備知識

臉部表情

姿態

尾巴

睡姿

姿勢

叫聲

動作

各種情境 Q&A

嘴裡咬著玩偶 走來走去

Answer A 以為自己在 搬運獵物或小貓

貓會叼著獵物，四處搬運。在貓出現嘴叼玩具的行為前，如果牠很粗暴地玩耍玩具，表示牠把玩具當成獵物，打算將捕獲的獵物搬到安全的地方。此外，貓也會叼著小貓移動。如果貓咪小心翼翼叼著玩具，又舔梳毛玩具的毛，牠可能把玩具當成小貓。

小心翼翼抱著玩具睡覺的貓。難道牠想給小貓溫暖嗎？

啟動牠的母愛了

Question Q 明明有許多玩具， 卻老是跟那幾個固定的玩具玩

Answer A 比較喜歡有自己氣味的玩具

我要玩這個啦！

人類的小孩也有人老是喜歡抱著固定的毛毯或玩具。貓咪也跟人一樣，玩耍的時候還是要找喜歡的玩具。因為這個玩具沾著自己的氣味，早已成為自己身體的一部分。就算這個玩具已經很破舊，又非常髒，它的魅力還是比其他玩具強。

Q 喜歡玩抽面紙遊戲

A 對貓而言，面紙盒是永遠玩不膩的玩具

對貓咪而言，面紙盒是個魅力十足的玩具。大小剛好可以塞進一隻小貓咪，高度正好讓成貓將下巴擺在上面。而且面紙盒不是很牢固，可以完全破壞，加上裡面裝了許多柔軟的面紙，還可以抽來玩，真是有趣極了。可能也因此有許多主人都會感嘆「實在不懂牠為何那麼愛玩面紙盒？」對貓咪而言，面紙盒不是惡作劇的對象，是魅力十足的玩具，千萬不要責備牠們。如果不希望貓玩面紙盒，就放到牠拿不到的地方。

Q 喜歡玩「123木頭人」的遊戲

A 感覺像在狩獵

「123木頭人」的遊戲動作，跟貓在狩獵時，接近獵物的動作一模一樣。獵人本能會配合獵物（這時候的獵物是人）的動作停頓下來，讓對方失去戒心時再有所行動。因為保有許多野生時期的習性，這樣的貓才稱得上是真正的貓。

在影音網站YouTube的「123木頭人」影片中，這隻名叫Moire的貓突然爆紅。

START
123木頭人 停♪ 不動

123木頭人 停♪ 不動

123木頭人 停♪ 不動

123木頭人 碰觸!! 咻～今

我家的愛貓 是笨蛋？ 篇

Question Q
為何袋子一套臉，
就會往後退？
雖然往後退，
還是無法甩掉袋子…

Answer A
在野生時期，
就是用這個方法脫困

在野生時期，不會發生臉被袋子套住的事。生活在野外時，只會被小岩洞或樹洞塞住臉。就算臉困在這樣的洞裡，只要用前腳踏地往後退，就能脫身。

換言之，還保有野生時期習性的貓被袋子套臉時，牠會習慣往後退，好擺脫袋子。因為臉被套住，會覺得眼前一片黑暗，以為自己被塞在洞穴裡。此外，已適應現代生活的貓，會用前腳踢開袋子。牠

已經學會對付新狀況的竅門了。而一直往前走的貓只能說牠是個冒失鬼吧？就請主人幫牠把袋子拿掉吧（笑）。

Question Q
被小箱子套住，
竟然不知如何脫身

Answer A
怎麼會變成這樣呢…？

喜歡鑽進箱子裡是貓的本性。不過，會被困在小箱子裡的貓，就是野性稍顯不足。如果在野外生活，身體塞在小洞裡動彈不得的話，那就慘了。很可能會有生命危險。因此，野貓在自己完全被困住前，一定會先確認洞穴的大小。如果是家貓，不會這麼做也是理所當然。

被半打啤酒箱套住身體的貓咪，看牠一臉不知所措的樣子。被套住身體就無法走動了。

太靠近電暖爐，結果鬍鬚燒焦了，是因為感覺遲鈍嗎？

其實除了鼻子和肉球，其他部位對溫度很遲鈍～

貓咪不是五感敏銳的動物嗎？怎麼還會被電暖爐把鬍鬚和身上的毛燒焦了？真的讓人想不通。其實貓咪身體當中，雖然表面是皮膚的鼻子和肉球對溫度極為敏感，能夠感覺到人類感受不到的微小溫差，不過如果是貓毛覆蓋的部位，對溫度則非常遲鈍。所以冬天的時候，要留意別讓愛貓燙傷了。

明明是自己爬上樹的，怎麼會下不來？

下來比爬樹還困難

常聽到小貓爬樹或爬上電線桿，結果下不來，還請消防隊把貓弄下來的新聞。事實上貓咪的身體結構很適合爬樹，但要從樹上下來卻有點困難。爬樹時，只要用貓爪抓住樹幹就能一路往上，可是下來時，立起貓爪抓樹幹，只會讓自己往後仰而摔下來。而且下來時，無法確認下面的情況，貓咪會覺得比爬樹時還可怕。

救救我～

也有動物會頭朝下，從樹上走下來。可是貓如果頭朝下，就無法用貓爪抓住樹幹，只會讓自己摔下來。

Question
Q
抓著小貓的後頸時，會把腳縮起來的是聰明的貓，腳伸直的是笨貓，真的是這樣嗎？

Answer
A 就算腳伸直，也不是笨貓！

母貓要移動小貓時，會用嘴叼著牠的後頸。主人抓起小貓脖子的感覺就跟被母貓抓住一樣，不過有的小貓會縮腳，有的則是雙腳伸直。會有如此差異，是因為「習慣」所致。不習慣被搬動的小貓因緊張而縮腳，曾被搬動多次的貓會覺得沒什麼事，因放鬆而伸直腳。跟貓「笨不笨」完全扯不上關係。

這種情況下，就算被抓著後頸依舊粗暴地動來動去的貓才是真正的笨貓。被母貓叼著移動時，如果亂動，可能會摔在地上，非常危險。因此，貓本能知道「被抓後頸的時候不可以亂動」。

縮腳！

腳伸直～

搬動小貓的母貓。在小貓還不會走路時，母貓會這樣搬動小貓。

一旦被抓住後頸，貓咪就會變乖

左邊照片是正在交尾中的公貓和母貓。公貓在交尾時，會咬母貓的後頸。如上所述，貓本能知道「被抓後頸的時候要乖，不能亂動」所以當公貓這麼做時，母貓就會變溫馴。如此一來，公貓就可以順利交尾結束。小貓就算長為成貓，還是會繼續保留這個習性，所以當你養的貓不乖時，就抓住牠的後頸，或許能制止牠的行為。

Question Q 想摸鏡子裡的自己

Answer A 應該可以摸得到卻摸不到，真的想不通……

第一次照鏡子的貓，看到鏡中的自己會嚇一跳，還會發出威嚇的叫聲，或想用前腳觸摸，繞到鏡子後面想把鏡中人找出來。不過，就算牠怎麼碰觸，只會感受到奇特的觸感，加上也聞不到貓的氣味，最後牠會知道眼前只是虛像，就不再感興趣了。看過電視的貓也是一樣的情形，剛開始會想捕捉螢幕裡會動的影像，後來牠會知道是徒勞無功。與其讓愛貓追逐非實體的影像，給牠玩具玩應該會更開心。多陪牠玩吧！

Question Q 被罵就躲起來，不過，卻露出尾巴

Answer A 只知道把臉藏起來，卻顧不得尾巴，唉……

把臉藏起來，貓就覺得把自己完全藏起來了。因為牠的視野變暗，就以為整個身體都躲在黑暗中。這是危機感薄弱的現代貓常見的動作。也可能在野生時期，不常發生身體不動而被發現的事情，才會覺得「只要我不動，就不會被察覺」吧？

打算躲在沙發下面的貓。真是隻可笑的笨貓。

啪

Q Question 總是喜歡盤踞在貓跳台的最上層

A Answer 貓跳台最上層是相當吸引貓咪的場所

哈一！

　　如前所述（參考P.126），貓喜歡高處，位置愈高愈能讓牠們覺得自己有威嚴。對貓而言，貓跳台最上層是個充滿魅力的地方。因此，貓族中氣勢最強的貓經常待在最上層。當一群貓的地位明確後，處於弱勢的貓會讓位給強勢的貓，彼此不會為了爭地位而打架。但如果地位尚未明確，弱勢的貓會挑戰強勢的貓爭地盤。

貓本來就不太會爭執打架

貓討厭無謂的戰爭。在貓族社會中，禮讓是守則。適合日光浴的場所是兩隻貓地盤的共有區域，牠們會安排好時間上的優先順序。譬如：「早上先讓A貓做日光浴，下午再讓B貓先做日光浴。」

Q Question 養第二隻貓的話，可以改掉第一隻貓愛咬人的習慣？

A Answer 確實能改掉這個壞習慣

　　貓要透過跟其他夥伴玩耍，從遊戲中學習適當的咬人力道。如果沒有與其他同伴玩耍的經驗，就無法掌握確切的力道。所以大家才會說養第二隻貓能糾正第一隻貓愛咬人的習慣。不過，就算了第二隻貓，也不見得能改掉這個習慣。

Answer
A 因為激發出牠的母愛（父愛）

基本上貓咪是獨居動物，但母貓之間會互相幫忙養育小貓。牠們會餵其他的小貓，舔牠們的身體，有時候還會扮演助產士的角色，幫忙剪掉其他貓咪生的小貓臍帶。可能母貓天生很有愛心，看到小貓就會想照顧牠。據說公貓不會參與育兒工作，不過最近有報告指出，發現公山貓或公老虎會幫忙育兒。公貓中應該也有「育兒爸爸」？

好吧，爸爸陪你們玩～　喵

Question
Q 公貓喜歡我（女性），母貓喜歡丈夫。
這是因為異性相吸的關係嗎？

Answer
A 被異性的費洛蒙吸引所致

一般說來，貓咪比較喜歡女性。女性溫柔高亢的聲音與柔和的動作能讓貓咪感到放心。貓咪討厭粗暴無禮的行為。雖然並非所有男性都是粗魯的人，但貓就是不喜歡粗暴的男性。

此外，貓可以分辨人類的費洛蒙。也就是說，公貓會被女性的氣味所吸引，母貓則會喜歡男性的氣味。由此看來，最佳的人貓拍檔應該是「女性✕公貓」，第二名是「女性✕母貓」，第三名是「男性✕母貓」。契合度最差的組合是「男性✕公貓」。不過，以上結果純粹是理論，事實上也有非常相親相愛的男性飼主與公貓。

要不要吃？

每隻貓都會超愛給自己飯吃的人 ♥

重點在於相處方式。不會太黏膩的愛才能擄獲貓咪的心。

135

家裡養多隻貓時，只要愛撫其中一隻，其他貓咪就會露出冷漠的眼光，這是在「吃醋」嗎？

Answer
A ← 可能是在吃醋？最好公平對待每隻貓咪～

貓喜歡單獨行動，不太會關心住在同一地區的其他貓咪，彼此關係疏離。老大是萬貓之王，其他貓咪就是平等的身分。貓老大也會尊敬其他的貓，大家都是和平相處。

在貓的心目中，主人就是老大。如果家裡養了好幾隻貓，只要公平對待，貓咪就不會心有不平。可是，一旦主人偏心，貓咪還是會心有不甘。這時候就會出現霸凌行為。就算到了霸凌的地步，頂多也只是搶奪食物或追著那隻備受寵愛的貓跑，並不會做出危及性命的行為。不過，在意這件事的主人，希望能公平對待每隻貓咪。尤其是家裡有新的小貓成員時，常會特別關愛這隻小貓，務必做到公平，不要引起先來者貓咪的反感。

狗社會與貓社會的差異

狗社會	貓社會
金字塔型	同心圓形

狗老大

貓老大

以狗老大為尊，地位階級明確的關係

貓老大以外皆平等

狗本來就是群居動物，所以一定要制定明確的體制，狗社會就像軍隊，長幼關係比貓社會明確。地位低的狗絕對不能忤逆上位的狗。主人（狗老大）如果疼愛地位低的狗甚於地位高的狗，狗族之間也是會出現霸凌行為。

為什麼這樣對我 篇

有事時，會用前腳敲
我的身體。貓咪怎麼
會有這樣的動作？

Question Q

Answer A

第一次純粹是巧合。
因為牠這麼做之後，主人有反應，所以就記得了

當你覺得有人在敲你身體的時候，回頭一看，竟然是貓站在那裡。你會覺得很神奇，愛貓是在什麼時候學會這一招的。

貓本能就會使用前腳來壓物或敲物。在幼貓時期，會一邊吸母貓的奶，一邊用前腳搓揉母貓乳房周邊，對於初次見面的東西或在意的物體，也會用前

腳拍敲，看看有何反應。如果愛貓第一次用前腳拍敲你的身體，想引起你注意，真的只是巧合而已。不過，你會以為「貓在叫我」，就會餵牠吃東西，做出「牠所期待的舉動」，於是牠就會記住這一招有效。總之，貓咪是透過經驗「學習」，然後就記住了。

Question Q

貓咪會對我展示牠的獵物

Answer A

牠想告訴你
我抓到獵物了！

母貓在教小貓如何狩獵時，會送獵物給小貓，叫小貓「你也嘗試看看」。貓咪會對你展示牠的獵物，可能牠還保有親貓心情，把你當成小貓看待，心裡想：「這孩子還不會狩獵，我要教牠。」你就開心地收下禮物，然後再偷偷處理吧！

親貓送獵物給小貓，教牠狩獵方法及食用方法。

受到這種教育的貓咪，會將獵物送給牠的主人。

137

Answer
A 因為牠也想一起進去探險，瞧一瞧～

當主人如廁或洗澡時，通常貓咪也會一起進去。有的貓咪會一直坐在浴缸上面，看著主人泡澡結束。如果沒有讓貓咪跟你一起進來，在你洗完澡之前，牠可能都會一直在外面抓門，對你說「也讓我進去吧！」當我們如廁或洗澡時，會將門關起來，貓咪無法進入，所以牠更想探險。

對貓咪而言，牠會覺得浴室「雖然是家中的一個角落，但總覺得謎題很多，無法佔據為自己的地盤。」浴室會有流水聲，還有蓮蓬頭，感覺跟其他房間不一樣，更刺激了貓咪的好奇心。一般說來貓咪討厭被水淋濕，但是基於好奇心作祟，這時候被弄濕也沒關係。

以認真的眼神觀察如廁中的主人。

乖乖站在浴缸邊等待洗澡中的主人。被水淋濕也沒關係。

Question

Q 經常舔我的頭或臉

Answer

A 幫最愛的主人梳理毛髮

　　總之，牠想幫你梳理毛髮。感情好的貓同伴會用舌頭互舔臉或頭。因為自己舔不到這些部位，讓別人舔很舒服。在舔的同時也等於在交換彼此的氣味。被舔的那隻貓會愛撫對方的頭，表示感謝。

梳理彼此的毛時，是由脖子往上梳理！

感情好的貓在互相梳理彼此的毛時，會從脖子開始往上舔。因為自己舔不到這些部位，被別人舔時會覺得超舒服。

Question

Q 生病時會陪我睡

Answer

A 因為看主人跟平常不一樣，覺得不安心～

　　貓咪根本不知道主人生病了，所以牠並不是擔心你，而是覺得你的樣子跟平常不一樣。如果是平日，你應該會外出，就算待在家裡也會忙著做家事，可是牠卻看見你一直在睡覺，覺得「奇怪」。於是為了慎重起見，牠就走到你身邊，想靜靜觀察你的情況。然後牠看著你的時候，自己也睏了，結果就變成陪你睡覺。

139

Q 突然歪著身體朝我走過來

低鳴～～

小貓會玩幻覺遊戲

貓會對著空無一物的牆壁飛撲過去，也會追著空氣跑。這時候的牠是在玩「幻覺遊戲」。沒有可以讓貓咪當成「某種角色」的物品時，牠可以透過想像創造出獵物，然後自己玩得很開心。這是小貓常有的行為。

 A 這時候牠已經啟動打鬧遊戲的開關

可愛的愛貓突然對你威嚇，並不是因為牠討厭你的緣故。小貓之間也會像這樣威嚇彼此，不過並非來真的，牠只是要你陪牠玩打鬧的遊戲。這時候牠把眼前物當成敵人或獵物「看待」在玩耍。貓會玩這樣的遊戲，表示牠的智力很高。

Q 愛貓過來打我一下，然後馬上溜走

 A 牠在邀請你跟牠一起玩！

貓咪之間的遊戲是由一方向對方拍打身體開始。用前腳拍打對方是方法之一。牠拍了一下你的身體，然後就溜走，是希望你能反過來追牠。你就應牠的要求，轉過身去追牠，多跟牠玩耍。

啪 咻

小貓會透過遊戲認知自己的能力

小貓會透過遊戲，知道自己跑的速度如何，還有可以跳得多高，了解自己的攻擊能力好不好。先知道自己能力如何，是為學習狩獵技術而做好準備。

Question Q 有的貓喜歡坐在主人肩上，有的喜歡被主人背，為什麼會有這樣的差異？

Answer A 每隻貓的喜好各有些微不同～

多數的貓喜歡待在高處，坐在主人的背部或肩膀！可是，待在主人身上的位置，會因貓咪心情的微妙差異而有所不同。喜歡坐在主人肩膀或背部的貓，是因為「覺得高處視野好，所以喜歡這麼做」。喜歡窩在主人肚子或膝蓋上的貓，因為牠覺得「這些地方很柔軟，待著很舒服」。待在雙腳之間，是覺得「很有貼合感」。在小貓時期，曾有過待在人身上超舒服經驗的貓，長大後也會保留趴在人身上的習慣。

肩膀

背部
被主人背著的貓。雖然不喜歡被人抱，但卻喜歡這種貼身的親切感。

有的貓會爬上主人的身體，很靈敏地站在主人肩上。站在肩膀上可以看到平日不常見的景觀，也喜歡主人走動時傳來的搖晃感。

膝蓋上面
喜歡坐在主人膝蓋上面的貓是愛撒嬌的貓。也非常喜歡被愛撫的感覺。

雙腳之間
有的貓喜歡窩在主人的雙腳之間。這時候的貼合感讓牠很有安全感，絕對是非常舒適的睡覺地點。有的貓會睡在主人的大腿之間。

肚子

肚子上方很軟，又有主人當靠山。愛撒嬌、喜歡被抱的貓會非常喜歡主人的肚子，特別想待在這裡。

興奮·恍惚 篇

興奮發作！

Question

Q 半夜突然大暴走？

Answer

A 因為野生時期
的開關啟動了

貓咪突然像發了瘋般，拚命來回奔跑或瞳孔閃爍光芒，一直在爬窗簾等。這些全是野性本能。貓本來就是夜行性動物，牠們白天睡覺，天色一暗就外出狩獵。現代貓仍保留這個習性。家貓當然不需要捕捉獵物，但也導致牠們精力過剩。因此，會出現這個行為就很理所當然。如果主人有空，不妨多拿著玩具跟貓咪玩，提高牠的興致。

Question

Q 為何貓咪走著走著會突然撲向我的腳？

Answer

A 主人頻繁走動的雙腳
激發貓咪的狩獵本能

從貓咪的視線高度來看，剛好可以經常看到人類在走動的雙腳。對牠而言，人類的腳正如小動物般大小。如果這個「獵物」經常在眼前走動，就會激發貓的狩獵本能，牠當然會忍不住飛撲過去。小貓會玩耍親貓或其他手足貓咪的尾巴，牠知道那是別人的尾巴，還把它當成獵物「看待」。

Question
Q
貓咪因興奮來回奔跑時，
好像都是繞著同一個路徑跑

Answer
A
為了不讓自己
有危險，會選擇
安全的路徑！

當家裡的貓因興奮來回奔跑時，請仔細觀察。牠們應該是繞著相同路徑在跑。這時候就算牠全速奔跑，也不會撞到東西。因為貓咪已經將牠的地盤圖記在腦子裡了。來到陌生場所，貓會緩緩走動，仔細調查一切，等牠調查並確認這裡是「安全」的，就不需要一一確認，可以大搖大擺走動。牠的腦子裡有「安全路徑」的資料，當然會選擇這個路徑來奔跑。此外，野生貓在走路時，前腳與後腳的足跡會重疊。因為前腳確認過是安全的，後腳跟著走就對了。

貓的大腦裡 有一份地盤「地圖」！

貓在陌生場所會表現溫馴，是因為這個地方沒有留下自己的氣味，大腦裡沒有屬於自己的「地圖」。這時候的貓咪會相當謹慎，透過嗅聞與碰觸，仔細確認情況。這個過程就是在製作「地圖」。一旦地盤地圖製作完成，就算閉著眼睛也能安心地奔跑。

143

Question
Q 貓咪喜歡把臉埋在我的腋下，
一直舔我或一直聞…

Answer
A 貓咪特別喜歡腋下氣味，
聞了會覺得舒服～

　　原本貓咪聞了異性貓的費洛蒙或木天蓼，就會出現這些行為。有的貓會因為費洛蒙而出現性反應，或因聞到木天蓼而醉了。你腋下的氣味也讓貓咪出現相同的狀況。人類體味含有兩萬種氣味物質，或許其中有的物質跟異性貓的費洛蒙或木天蓼的味道很像，貓咪才會喜歡窩在你的腋下。

有味道喔了

拚命聞

拚命聞

熱愛異味貓大集合！

**每天必聞
鞋子味**

這隻貓將臉鑽進運動鞋裡，拚命地聞。人類會覺得鞋子味道「臭」，不曉得為什麼鞋臭味會如此吸引貓咪……。

喜歡聞腳臭味

這隻小貓正在聞練習玩棒球的男高中生腳底。感覺很臭呢……（汗）。

棒球員的手套味道，超好聞！

只要把頭鑽進高中棒球隊員的手套裡，就不想出來！看來很享受這個味道……。

Question Q 每次一聞到主人脫下的襪子味道，就會擺出怪臉。難道是因為「臭」的關係？

Answer A 不是覺得臭，而是牠時時刻刻都想聞味道！

　　貓每次聞東西時，會把上唇張開，露出仿若在笑的表情。這就是貓在嗅聞氣味時的表情。貓的口腔裡也有氣味感受器，為了用嘴巴聞氣味，就會露出這樣的表情。牠應該是覺得人類的體味跟費洛蒙很相似。並不是因為想告訴你「你的襪子很臭」才有這個表情。

Question Q 聽到手機鈴聲響，就會跳起來，還會露肚仰躺、摩擦身體，甚至輕輕咬人

Answer A 以為是小貓在叫？激發牠的母性本能

　　手機來電鈴聲是人會聽得見的高周波聲音，因為貓的聽覺比人類靈敏，牠的反應會更激烈。一般來電鈴聲是2500～4000赫茲，剛好跟小貓叫聲的頻率相當。也許把來電鈴聲聽成是小貓在叫，因而激發其母性本能吧？或是察覺到附著在手機上的主人氣味（皮脂），以為是主人而想向主人撒嬌，才有這些動作。

人類嬰兒的聲音跟貓叫聲很像？

各位是否覺得人類嬰兒的聲音跟貓叫聲很像？人類聲帶的位置是在咽喉，但是嬰兒聲帶位置更上面，在靠近頭部的地方。當嬰兒頸部能固定，會走路以後，聲帶會慢慢下降至咽喉的位置。因咽喉大小及聲帶柔軟度的緣故，人類聲音會聽起來跟貓叫聲很像。基於這些理由，讓我們覺得嬰兒聲音像貓叫聲。

露肚仰躺

A 住在同一區域的貓咪們一起「見個面」罷了

你是否看過黑夜的公園或停車場，總有野貓聚集？牠們沒說話，只是靜靜待著，黑夜的野貓聚會真是詭異……。

這個集會的目的是「彼此見個面」。基本上是一隻貓畫好了生活地盤，但是卻有部分地盤與隔壁的貓重疊（P.122～123插圖的深綠色部分）。共同擁有這個重疊部分的貓咪們，為了認識彼此才舉辦聚會。

也有人說是為了預防外敵入侵，加強社區的合作，所以才聚會。如果一直有外來的新貓加入，因為獵物有限，到時候大家就沒有獵物可抓。

另一個說法是為了蒐集彼此的情報。獲悉健康狀態、發情期等資訊。發情期快到了，集會時間會變長，這時候聚會就變成情敵競爭大賽。會看到公貓們為了搶奪母貓而大打出手。

鄉下貓和城市貓的地盤範圍有所不同

地盤的範圍大小與食物豐盛與否有關。換句話說，在食物多的地區，小地盤也能活得好；如果是食物少的地區，地盤範圍要大，才能生存。必須自己狩獵覓食的鄉下貓，其地盤範圍是一平方公里這麼大。會有許多人類剩飯的城市貓，地盤則在五百平方公尺以下。貓的密集度高，就需要更多的磨合溝通。

城市貓

城市裡的野貓，靠著餐館的剩飯或是野貓照顧者的餵食，就可以活得好好的。

野貓很辛苦

鄉下貓

必須自立更生，自己找東西吃，但好處就是不用跟其他的貓搶。

預備知識

臉部表情

姿態

尾巴

睡姿

姿勢

叫聲

動作

Q&A 各種情境

Question Q 家人回到家的前十秒，就會飛奔至玄關，難道牠能夠預知家人回家的時間？

Answer A 因為貓的聽覺敏銳，誤以為牠能預知家人何時回家

你應該有過這樣的經驗吧？當你待在家的時候發現貓咪一直朝著玄關觀望，沒多久就有家人回來。或是當你回家時，貓咪一定會在玄關等著你。這時候你一定覺得不可思議，牠怎麼會知道你何時回家？貓咪會有這樣的舉動，關鍵在於其敏銳聽覺，聽到人類聽不到的腳步聲，所以能夠預知家人回來了。因為人類聽不到，所以會覺得貓能夠「預知」。而且貓咪會清楚分辨自家人與其他人的腳步聲。當其他人走近家裡時，牠會裝作不知道，但是家人回來了，牠會去迎接。

Question Q 為何受到驚嚇時，會垂直跳躍？

Answer A 避開危險是貓的本能

你是否有過這樣的經驗？突然傳來的一個大聲響讓貓嚇得垂直跳躍。這個動作其實是貓的本能，當牠突然遇到危險時，本能反應會垂直跳躍，避開危險。垂直跳躍的動作也許能讓貓咪避開危險，也能讓敵人看到這個姿勢後嚇一跳，而忘了要出手。其他的動物也會因突來的驚嚇而跳起來，不過，貓的跳躍能力很強，所以才會如此引人注目。當貓咪跳躍時，會跳到哪裡端看其姿勢而定。

Question Q 每次鑽進被窩裡，就會出現挖洞的動作

Answer A 因為想挖東西，而有這個舉動

貓在挖東西時，會用前腳來挖物，這其實是貓的本能動作。比方說貓要走進

挖挖挖

樹洞裡，萬一洞裡有害蟲或躲著蛇，那就大事不妙了。所以貓進去洞之前，會用前腳挖一挖，確認是否安全。此外，在小貓時期，為了能鑽進母貓溫暖的肚子裡，一定要用前腳把其他手足撥開。如果沒有這麼做，就只能一直待在冷冽的外側。

Question Q 貓討厭水，但為什麼我家的貓很喜歡泡澡，每次都是一副樂在其中的模樣？

Answer A 凡事習慣最重要。在小貓時期讓牠習慣泡澡，就不會有問題

貓原本是沙漠動物，身體從未碰過水，所以很怕水。就算只是洗個頭，幾乎所有的貓都怕。不過，凡事只要習慣就沒問題，在小貓時期就養成習慣，也可以照片裡的貓那樣，乖乖泡澡。多數貓咪會怕蓮蓬頭的流水聲，用桶子裝好水，就不怕流水聲會嚇著牠而不願洗澡。

也有野生時期不怕水，會在河裡游泳的貓科動物。日本西表山貓就不怕水。牠們能夠適應環境，還是游泳健將。

右邊的貓頭上還蓋著毛巾，很像在澡堂泡澡的大叔。到底怎麼做才能跟牠一樣徹底享受泡澡之樂。

 Answer A 你是誰？其實是在打招呼

好友貓咪見面的時候，會鼻子碰鼻子打招呼。其實牠們是在互聞口腔裡的味道，但從旁看起來就變成鼻子互碰的模樣。目的是再次確認記憶中對方熟悉的氣味，這樣能讓自己安心，也有檢驗新朋友身上氣味（食物或碰過的東西等）的用意。因為貓有這樣的習性，看到跟貓鼻子一樣突出的東西，就會本能地把鼻子湊過去聞。因此，當人對著貓咪伸出手指或臉時，貓就會把鼻子湊過去，聞指尖或鼻頭。

貓咪會把自己的鼻子貼著玩偶的鼻子，也是這個習性使然。不過，其實還有另一個理由。因為貓的視力不若人類好，光靠眼睛觀察，無法深入認識對方，也搞不清對方是平面還是立體。事實上，貓看到畫在紙上的貓肖像（形狀）時，也會想

聞畫紙上貓鼻子周邊的氣味。還會走近碰觸，最後終於知道「這不是真貓」。因此，當貓咪走到玩偶身邊時，牠還不曉得玩偶是否為生命體，才會先把鼻子湊過去，聞氣味確認。

貓的嗅覺靈敏度
是人類的20萬倍以上！

狗的嗅覺是人類的100萬倍。貓的嗅覺雖不及狗那麼靈敏，但也有人類的20萬倍以上。狗和貓都是透過嗅覺來蒐集與記住所有情報，而非透過視覺。貓咪會牢牢記住你的氣味，有所變化時，就會拚命聞來確認。

Question
Q 小貓吸家裡狗狗的奶！

Answer
因為牠還是小貓，
特別想吸奶～

　　沒有母貓陪伴的小貓會特別渴望「吸奶」。就算不是母貓，即使沒有乳汁，只要能吸到奶頭，對方是誰都無所謂。被吸奶的一方的會因為刺激而導致荷爾蒙改變，開始分泌乳汁。我們也聽過好幾個狗餵貓或狗餵老虎的故事。扮演母親角色的動物，通常是當時正在養育自己的孩子，或者出生的孩子夭折了。

把狗當成母親！

臘腸犬果醬把剛出生沒多久的小貓當成自己的孩子照顧。餵奶的模樣，看起來就像是真正的母子。

不認為自己是貓，
就這樣長大！？

動物看著養育者的身姿，會認為自己跟牠是同一類。也就是說，被狗養大的貓會認為自己是「狗」，就算看到貓，也不認為對方是同類。這種現象稱為「誤解傳訊」。這種貓有時候會出現狗的行為。同樣地，主人從小貓出生後就養牠，而且只養一隻貓的話，這隻貓會認為自己跟主人是同類。

我是狗…

Answer
A 因為交情好，才敢這麼做吧？

坐上去了～

×

　　小貓會跟其他手足身體疊在一起睡覺。這些貓也像友愛的手足，身體疊在一起。因為彼此感情好，身體互相碰觸，會很有安全感。被壓在下面的那隻貓如果真的不喜歡被壓，應該會粗暴地反抗，但是牠卻沒有反抗，因為牠是這麼想的：「有點重耶，算了，隨牠吧！」坐在上面的貓應該比下面的貓更強勢吧！

也會坐在狗狗上面！

Answer
A 屁股有東西覺得癢
　 才會這樣～

　　貓咪屁股貼著地板，摩擦前進的姿勢很逗趣。看到這樣的貓會讓人不禁莞爾一笑。不過，可能是因為貓咪生病，才出現這樣的行為。腹瀉或有寄生蟲，覺得屁股不舒服時，貓為了擺脫異物感，就會屁股貼地摩擦。位於肛門兩側的臭腺，也就是肛門腺不適時，就會出現這個行為。當肛門腺分泌物囤積過多，會發出惡臭，甚至肛門發炎或破裂。趕快帶愛貓去醫院檢查。

肛門腺的位置　有時肛門會 破裂！

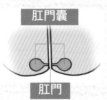

肛門囊

肛門

這是從上面俯看肛門的情況。肛門旁邊就是囤積分泌物的肛門囊。

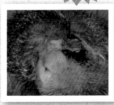

肛門囊破裂，肛門旁邊出現一個洞，可以清楚看見裡面的肉。這個疾病復發率高。

Question Q 用兩隻腳走路!

Answer A 只是短暫幾秒的話, 貓是可以雙腳走路

看到貓咪們用雙腳站立並走路,以為貓也進化成雙腳行走的生物?不過很遺憾,這個光景只出現短暫瞬間。貓的身體結構已進化至最極致的地步,最適合以四隻腳行走與跑步。如果是短距離賽跑,其實貓的速度比人類快。因此,世上絕對沒有像人類一樣,從猴子進化為雙腳站立行走的貓。

貓咪跑得快的理由

短距離跑步的話,貓的時速約是48公里。如果換算牙買加前短跑選手尤塞恩‧博爾特(Usian Bolt)為時速,大約是37公里。貓跑的速度遠比人類快。理由眾說紛云,除了貓有強韌的肌肉,會用腳尖站立也是理由之一。人類快跑時,只有腳尖踢地面,可是貓平常走路就是只有腳尖貼地面。據說跑得愈快的動物,腳趾數愈少。跑得飛快的馬只有一個腳趾。貓的前腳有五隻腳趾,後腳是四隻。為了跑得快,後腳跟的大拇趾退化了。

貓狩獵時,會一直待在獵物四周藏身,然後一股作氣抓住獵物。貓的瞬間爆發力當然也很強。

貓會解讀人類的情緒？

無法解讀複雜的情緒

　　人類心情好的時候說話聲音溫柔，動作也很放鬆悠閒。相對地，生氣時的聲音會比平常低沉或發出怒吼聲，動作也充滿緊張感。貓可以敏銳分辨出聲調及動作的差異。當牠察覺氣氛不同平日時，就會覺得不安而無法沉靜。

　　貓咪只能像這樣大致分辨人類心情的好與壞，無法解讀複雜感情。牠確實能察覺到你跟平日不一樣。你是否無法滿意這樣的分析結果？

貓不會解讀人類的臉部表情

人類表情多變，有喜怒哀樂等。人類之間可以透過雙眉緊蹙等動作來傳達情緒。可是，貓咪接收不到這樣的情報。就算你罵牠時表情很嚴肅，牠也不知道箇中意義。

貓咪會經常觀察主人的一舉一動！

貓咪會經常觀察主人的一舉一動，並且把一切記住。只要你打開收藏貓食的櫃子，牠就會跳起來，或者你在做睡前準備時，牠就會先鑽進被窩裡，這其實是因為牠已把主人平日的行為記住，並且預測接下來會有何動作。如果你哪天比平常晚回家，發現貓咪心情不好，可能是因為你打亂了牠平日的「作息型態」，讓牠無所適從所致。

154

Question Q 貓知道自己命不久矣,真的就會自己消失嗎?

Answer A 只是想安靜度過餘生

這是貓的習性,覺得身體不適時,會躲在安靜的地方等身體恢復。不過,也可能因此好不了而死掉,所以人們才會說:「貓快死的時候會自己消聲匿跡。」貓咪並不是預知死期而失蹤。當愛貓突然變得很安靜時,可能是生病了,千萬要小心。

Question Q 每天早上都在固定時間叫我餵牠吃飯。牠是怎麼知道何時是用餐時間呢?

我要吃飯~

Answer A 動物的生理時鐘很敏銳!

野生習性濃厚的貓咪,其生理時鐘比人類敏銳。有時候會聽到這樣的新聞,迷路失蹤的貓咪走了很遠的路,回到自己的家。因為生理時鐘記住的太陽位置(從自己家裡看到的太陽位置)和迷路後所看到的太陽位置不一樣,貓咪將兩個位置對照後,就能算出家的方向,所以能找到回家的路。不過,沒有太陽的話,生理時鐘會慢慢失準。

周遭情報也是讓貓咪預知時間的線索。每天早上同一時間傳來送報員的摩托車聲,或是野鳥的第一聲鳴叫,都是讓貓咪知道現在是什麼時候的依據。如果你每天在同一個時間餵牠吃飯,牠時間到了就會肚子餓,這跟「肚子時鐘」也有關係。

預備知識

臉部表情

姿態

尾巴

睡姿

姿勢

叫聲

動作

Q&A 各種情境

撒嬌鬼!?

觀察行為就知道
愛貓性格測驗!

從愛貓的行為可以了解其個性。觀察牠平常的舉動,來做個性格診斷吧!也許會因情境不同而出現不一樣的個性,這就表示愛貓其實也有這一面。就當作大概的趨勢,來試探一下愛貓的性格吧!

謹慎派!?

行動派!?

~ 情境1 ~

如廁後

Ⓐ 幾乎不會扒砂遮掩

Ⓑ 一定會仔細扒砂遮掩

Ⓒ 扒著沒有砂子的地方

診斷結果

Ⓐ 的貓是國王、女王型

不會埋藏排泄物的貓自認是老大,想彰顯自己的存在。牠很有自信,個性大方。很獨立,有很強的自尊心。

Ⓑ 的貓是敏感型

會埋藏排泄物的貓很神經質。牠想消滅自己的味道,不讓別人知道自己的存在。非常固執,也有謹慎的一面。

Ⓒ 的貓是天真爛漫型

扒著沒有砂子的地方,是隻傻大貓,個性大而化之。牠是標準的天然呆個性,平日搞笑的行為應該逗得主人很開心。

～ 情境2 ～

吃飯時

A 一下子就吃光

B 慢慢地分好幾次吃

C 不想吃的時候就不吃

診斷結果

A 的貓是敏感型

可能怕別人搶走自己的食物，擔心現在不馬上吃完，待會就沒得吃了。可能在流浪時，曾經有過餓肚子的經驗。

B 的貓是標準型

貓咪在野生時期就是會分好幾次，慢慢地享用食物。這樣的貓留有濃厚的野貓性格，也可以說是標準貓個性。

C 的貓是國王、女王型

這是一隻任性、我行我素的貓。牠心裡想，如果我拒吃，主人可能會拿別的食物餵我。這也算是在跟主人撒嬌吧？

～ 情境3 ～

主人回家的時候

A 只是看一眼
就跑去別的地方

B 一定會出來迎接
並摩擦主人身體

C 不迎接主人回家

診斷結果

A 的貓是標準型

因為在意自己的地盤，所以會走到玄關檢查一下。不過，就算知道主人回來了，也不會對他撒嬌或奉承，標準貓族個性。

B 的貓是撒嬌鬼型

牠非常喜歡主人，會像小貓那樣對主人撒嬌。因為牠聞到主人身上沾染外面的氣味，所以要摩擦主人，換上自己的氣味。

C 的貓是天真爛漫型

就算有聲音也不在意，是隻呆萌貓。地盤意識薄弱，很喜歡目前的生活。牠是一隻寵物性格強烈的貓。

預備知識

臉部表情

姿態

尾巴

睡姿

姿勢

叫聲

動作

Q & A 各種情境

157

~情境4～

拿出玩具時

A 要看心情，
心情好才會跟你玩

B 每次都玩得很開心

C 一直盯著玩具看，
就是不肯過來一起玩

診斷結果

A 的貓是標準型

真是標準貓個性，想玩時才玩，不想玩時理都不理。也許要等他想玩的時候，主人再拿出玩具一起玩比較好吧？

B 的貓是撒嬌鬼型

只要有玩具，一定要玩得夠！這是標準小貓性格，是一隻愛玩又愛撒嬌的貓。你就盡情陪他玩，玩到他雙眼發亮吧！

C 的貓是敏感型

如果沒有仔細觀察獵物，確認情況的話，他絕對不會有所行動，個性非常謹慎。他並不是不想玩，只是警戒心比較強。

～情境5～

發出大聲響時

A 會回頭看，
不過依舊躺著不動

B 會走到發出聲響
的地方確認一下

C 逃跑或躲起來

診斷結果

A 的貓是國王、女王型

聽到聲音只是抬頭看一下，然後一動也不動，真是一隻超有自信的貓。就算有危險，他也無所畏懼。

B 的貓是標準型

這種個性的貓好奇心旺盛，自己的地盤發生事情了，一定要檢查確認才行。很活潑，是個行動派。在意的事情一定要親自搞清楚。

C 的貓是敏感型

一旦發現情況有異，就會變得很膽小，很怕大聲響，聽到會非常緊張，個性小心翼翼。非常膽小，最怕生活有所改變。

～ 情境6 ～

家裡來了陌生人

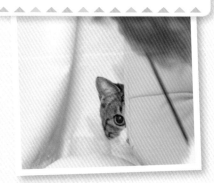

A 不怎麼在意

B 會走過來聞客人氣味、摩擦身體

C 逃走不出現

診斷結果

A 的貓是天真爛漫型

牠不是很在意家裡是否來了客人。就算有外人來也不為所動，行為舉止依舊跟平常一樣，真是天真無邪。

B 的貓是標準型

因為想確認入侵者，所以會跑過來聞氣味，並摩擦客人身體，目的是想留下自己的氣味。也有不怕陌生人的友善貓。

C 的貓是敏感型

牠的認知是陌生人等於可怕人物。很怕生活有所改變，個性小心翼翼。有客人來時，牠會躲在安全的地方，等客人回去才出現。

～ 情境7 ～

晚上睡覺時

A 跟主人同時間一起睡

B 就算主人睡覺，牠也不睡。等到主人發現時，有時候會躺在身邊睡著了

C 不跟主人同睡，自己睡在其他地方

診斷結果

A 的貓是撒嬌鬼型

牠跟主人感情好，非常喜歡主人，覺得自己是隻小貓，很愛撒嬌。牠會跟主人同吃同睡，經常黏在主人身邊。

B 的貓是國王、女王型

牠不會配合主人睡覺的時間或場所，凡事喜歡自己做決定。但也有溫柔的一面，這時候牠就會睡在主人身旁。

C 的貓是標準型

貓原本就是單獨行動的動物，在野生時期即使長大為成貓，也是自己一個人睡覺。這種貓很獨立，不會依賴主人。

預備知識

臉部表情

姿態

尾巴

睡姿

姿勢

叫聲

動作

Q&A

各種情境

159

原書設計	heartwoodcompany (岩繁昌寬／畑田志摩／石出美帆／天野美希子)
寫真	井川俊彥／岩田麻美子／清水紘子／関由香／高田泰運／田辺エリ／布川航太／松岡誠太朗
攝影協力	Abyssinians Cattery LICCA ／ Be Falsetto ／ Best of Hajime ／ CATTERY EVESGARDEN ／ Kitten's Bouquet de Rose ／ Siamese Cattery pure sweet ／ Zephyros ／キャッテリー fioretto ／マーサスミス／ curl up cafe ／ catcafe Cateriam ／ Nyafe Melange ／猫の居る休憩所 299 ／ねこのすみか／あいきゃっと／ Cat Cafe Miysis ／猫カフェ きゃりこ／猫の庭／猫カフェ 浅草ねこ園 等
插畫	上田惣子／かたおかともこ／小泉さよ／たかぎりょうこ／高間ひろみ／田島直人／ chizuru ／仲西太／野田節美／ウチガキナホコ

國家圖書館出版品預行編目資料

貓語大辭典／今泉忠明監修；黃瓊仙譯 . -- 二版 .
-- 臺中市：晨星出版有限公司 , 2023.11
160 面；16×22.5 公分 . --（寵物館；116）

ISBN 978-626-320-627-4（平裝）

1.CST：貓　2.CST：寵物飼養　3.CST：動物行為

437.364　　　　　　　　　　　　　112014653

寵物館 116

貓語大辭典

收錄超過 130 項貓語解説，　讓你深入了解貓咪的行為和溝通方式

監修	今泉忠明
譯者	黃瓊仙
編輯	林珮祺
排版	曾麗香
封面設計	高鍾琪

掃瞄QRcode，
填寫線上回函！

創辦人	陳銘民
發行所	晨星出版有限公司
	407 台中市西屯區工業 30 路 1 號 1 樓
	TEL：04-23595820　FAX：04-23550581
	行政院新聞局局版台業字第 2500 號
法律顧問	陳思成律師
初版	西元 2020 年 12 月 15 日
二版	西元 2023 年 11 月 15 日

讀者服務專線	TEL：（02）23672044 /（04）23595819#212
讀者傳真專線	FAX：（02）23635741 /（04）23595493
讀者專用信箱	service@morningstar.com.tw
網路書店	http://www.morningstar.com.tw
郵政劃撥	15060393（知己圖書股份有限公司）

| 印刷 | 上好印刷股份有限公司 |

定價300元
ISBN 978-626-320-627-4

Ketteiban Nekogo Daijiten
©Gakken
First published in Japan 2012 by Gakken Publishing Co., Ltd., Tokyo
Traditional Chinese translation rights arranged with Gakken Plus Co., Ltd.
through Future View Technology Ltd.

※本書為《貓語大辭典》（日本學研；臺灣晨星出版）增修內容加以編輯之。